U0336622

本著作由教育部人文社科一般项目"中国少数民族服饰工艺数据库研究"资助
（项目编号：09YJC760056）

高等教育艺术设计专业系列教材

少数民族女装工艺

魏 莉/著

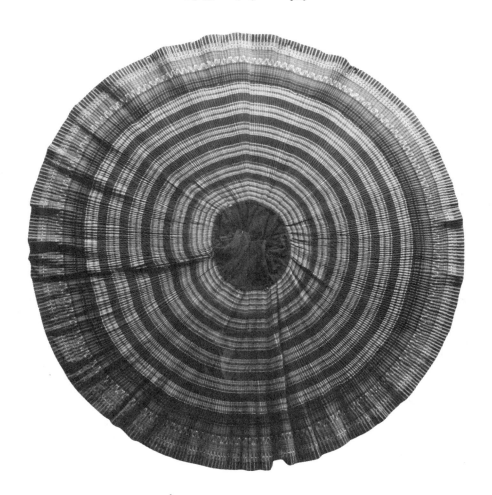

中央民族大学出版社
China Minzu University Press

图书在版编目（ＣＩＰ）数据

少数民族女装工艺 / 魏莉著 .-- 北京 ： 中央民族大学出版社， 2014.9

ISBN 987-7-5660-0817-6

Ⅰ．①少… Ⅱ．①魏… Ⅲ．①少数民族 - 民族服饰 - 女装 - 服装缝制

Ⅳ．TS941.742.8

中国版本图书馆 CIP 数据核字（2014）第 216585 号

少数民族女装工艺

著　　者	魏　莉
责任编辑	黄修义
装帧设计	汤建军
出 版 者	中央民族大学出版社

北京市海淀区中关村南大街 27 号　　　邮编： 100081

电话： 68472815（发行部）　　　传真： 68933757（发行部）

68932218（总编室）　　　68932447（办公室）

发 行 者	全国各地新华书店
印 刷 厂	北京宏伟双华印刷有限公司
开　　本	787×1092（毫米）　1/16　印张： 10.75
字　　数	260 千字
版　　次	2014 年 12 月第 1 版　2014 年 12 月第 1 次印刷
书　　号	ISBN 978-7-5660-0817-6
定　　价	38.00 元

目　录

绪 论

　　服饰是人类文化的一个重要组成部分，而且是其中最为丰富多彩、最为生动活泼的一个部分。它既是物质的，又是精神的；既是实用的，又是审美的。民族服饰是一个民族族类群体的外在标志，是这个民族物质文化和精神文化的外显符号，又是这个民族的民族性格、民族心理与气质的外化形态。少数民族服饰文化也是少数民族文化的一种表现形式，"从文化人类学角度看，服饰是人类在求生存、求发展的漫长进程中创造出来并不断发展的文化，也是一份经过长期积累与沉淀后形成的最生动具体、最为实在而又形象的、最为丰富博大的历史档案。它记录的是人类成长的足迹，是人类文明发展的脚步。服饰文化的进程与发展水平，同社会的经济状况有着千丝万缕的联系"。所以说，在了解了少数民族文化的基础上进一步探索少数民族服饰文化的魅力，对深入服装设计具有本质的意义，更加深在进行服装设计时的创作根基，也是打开思路的有效之门。

　　服饰作为文化形态的外在表现形式，其最基本的功能是实用。无论是在物质生活极为匮乏的古代，还是经济财富日益丰富发展的现代，都具有同样的效果。每个民族所处的地域空间、气候条件、人文状况等地理环境的不同，对服饰实用的选择和要求自然也就不同。因此，地理环境不仅决定着服饰的实用性，而且还潜移默化地影响着每个民族服饰特点的形成与发展；不同的地理环境和自然条件为不同的服饰类型最初的形成，奠定了客观的物质基础，主要是通过不同地理环境内的经济文化类型来发生作用的。"所谓经济文化类型是指居住在相似的生态环境下，并操持相同生活方式的各民族在历史上形成的具有共同经济和文化类型的综合体"，属于渔猎采集经济文化类型的是鄂温克族、鄂伦春族，还有赫哲族，主要生活在人烟稀少、气候寒冷的大小兴安岭的茫茫林海及沿江附近（松花江、黑龙江等），在新中国成立前过着浓郁的原始色彩的捕鱼、狩猎、采集生活。鱼兽等动物的毛皮是他们的衣食的主要来源，服饰多以野生的鱼皮和狍、鹿等兽皮为原料，样式单一，实用价值大大高于审美价值；属于草原畜牧经济文化类型的是蒙古族、藏族、哈萨克族、裕固族、柯尔克孜族、达斡尔族等少数民族，主要分布在内蒙古高原、准噶尔盆地、青藏高原一带。均以畜牧业为生计，主食为肉食、奶制品，多以动物毛皮加工的毛织品为原料。以袍式为主，服装色彩多样，制作工艺精细，不仅注重实用性，也比较多地注意到了服装的审美价值。农耕经济文化类型是西北地区的维吾尔族、东乡族、保安族等少数民族。东北有朝鲜族、满族等。进行土地耕作，原料不局限于动物的皮毛，采用自织自染的棉麻为主要原料。以单薄短小的衣裤为主，有精美的图案，服装色彩更加丰富，工艺更加突出。

　　少数民族服饰款式是少数民族文化的一种特殊载体，作为物质文化和精神文化的结晶，它的形成变化和发展，特别是其区域性、民族性等特征的形成，既取决于地理环境、自然条件、生产方式、生产力等客观因素的制约和影响，更取决于诸多民族历史、文化传统、风俗礼仪、宗教信仰等人文环境因素的积淀与刻画。可以说，在每一个少数民族的服饰表象中，都蕴含着深刻的文化内涵，只有了解了与其表象相关的文化背景，我们才能够真正了解民族服饰，才能从这样的了解中提取可运用的元素进行现代服装的再设计，才能够使设计更加的具有高级的文化品位和设计灵魂；少数民族服饰的款式都是在一定的文化背景下产生的，很多的图案样式都是文化的载体。有人说，一个民族的服饰是折射这个民族历史的一面镜子。许多民族服饰的结构样式、首饰配件、装饰纹样都有其历史的渊源和特定的意义。在了解了这些服饰的背景文化后才能从内心深处对其感悟，这样设计的文化底蕴才能更加浓厚，才是好的设计。由于篇幅有限，在本书中仅就少数民族女装款式变化、少数民族女装结构设计以及少数民族女装手工艺特点的应用做些探讨，用来展现民族服饰工艺在具体服装上的表现，希望从这些方面给予服装设计师以启示。

第一章

少数民族女装工艺特点概述

第一节 少数民族女装款式多样

　　我国少数民族众多，分布遍及全国。由于气候条件、生产劳作模式、宗教信仰等的不同，因此，在他们服装的款式上也展现出各不相同的特色，类型多样。在少数民族女装中，有袍类、衫类，有裙装、裤装，有长裙、短裙等不同类型，下面我们列举几个不同地域的民族加以说明。

　　从古至今，侗族女性的服饰以千姿百态向世人展现，它们或款式不同，或装饰部位不同，或图案和工艺不同，或色彩和发型头帕不同，她们平时穿着便装，讲求实用，盛装时注重装饰审美，朴素与华贵相得益彰。根据整个侗族妇女服装特点，可将侗族服装分为三种款式，即：紧束型裙装、宽松型裙装和裤装。

图 1-1 侗族服饰

　　侗族有南侗和北侗之分，南部侗族服饰十分精美，妇女善织绣，侗锦、侗布、挑花、刺绣等手工艺极富特色。女子穿无领大襟衣，衣襟和袖口镶有精细的马尾绣片，图案以龙凤为主，间以水云纹、花草纹，下着短式百褶裙，脚登翘头花鞋。

　　侗族女子多穿无领右衽大襟上衣，银珠为扣，袖口镶嵌布边，系布腰带，下着青色长裤或裙，襟边、袖边、裤脚或裙边均镶有花边。束花腰带，有的地方穿百褶裙，打绑腿，穿绣花鞋，构成上长下短上窄下宽视觉上产生稳定而又灵活的总体形态特点。

　　无论是整体结构还是局部结构，侗装都很注重点、线、面、色彩、图案的移位与组合，式样丰富美观，构成了侗装的民族风格特色，显示其独特的审美特性。服装最基本的结构部件是上衣下裙或裤，整体结构和局部结构的变化都是围绕这一基本构架展开的。在侗装中，由于点、线、面的不同移位，形成了右衽衣、对襟衣、交襟衣、左衽衣等种类；而下装，也因点、线、面结构移位的不同而出现短裙、中长裙、百褶裙、筒裙、宽档窄筒裤、长筒裤、短筒裤等类型。每一种类又因局部结构变化，比如装饰部位、图式和花样的不同而形成不同的外观风格。综观侗族传统服饰，其造型结构已不再停留在实用的基础上，更多的是在考虑审美，考虑满足人们对美的需要。

　　侗族服饰在造型结构上已经具有现代服装设计的艺术形式：围绕对称均衡、对比与调和等形式美法则，灵活运用点、线、面组合，达到服饰的审美追求。我们把目光移到侗族服装上的具体物象，大到满绣的衣袖或裤脚、两襟等，小至一个装饰圆点、一张绣片，处处可见对称排列构图；而侗装设计上的均衡法则也随处可见，如围腰对腰部、臀部装饰构成的均衡，胸前的银饰与前围腰花纹构成的均衡，下裙摆上的银片、银花与裙摆花纹图案的均衡等；局部结构中的图式花纹结构，更是运用均衡的法则，从而使图纹富于变化，以增强动态感又不失均衡和稳定感。我们再看看侗族服饰的整体结构，如典型的对襟裙装式女装造型：上装无领无扣的花边对襟衣，衣长掩臀，胸前有绣花肚兜，衣袖瘦长，衣两侧开高衩，襟边、袖口下摆及衩的边沿均绣各色花边，腰扎绿绸飘带；下装着百褶短裙，长及膝部，脚缠花边绑腿，足穿绣花船形勾鞋。这一造型体现了对称均衡的法则：对襟衣两侧开衩，对比分明。因衣袖长裙短，即上装长下装短，所以膝下打绑腿，腰部扎绸带，如此处理，各部分比例合理，平衡均匀。襟边、袖口、下摆、绑腿处所绣的花边，都给人一种匀称平稳的视觉美感。

　　对比与调和是一对矛盾统一的法则，是造型艺术必须遵循的法则，侗装中也经常加以运用。生活中的对比表现在许多方面，日本的山口正城在《设计基础》一书中将其总结为：直线与曲线、明与暗、凸与凹、暖与冷、大与小、多与少、粗与细、重与轻……对比关系，在这些对比中的每对矛盾双方越接近，就越显示出调和。侗装巧妙地运用点、线、面及色彩来凸显对比效果，增强侗族服饰的视觉美感，如侗族女子所戴的银冠，就是运用凹与凸的对比原理，使银花上的花鸟虫鱼栩栩如生，富于立体感。侗装还借用色彩的强烈对比来增强其亮度，使服饰具有节奏感和韵律美，如小孩的口水围，色彩为红、蓝、白对比强烈，更显出孩子的活泼可爱。侗族女装常以青、蓝布为底在上面绣上各种颜色的图案，色彩鲜明，而又能和谐的统一于一整套服饰之中，充分显示出侗族妇女杰出的审美能力、独特的审美见解和生存智慧。

蒙古族服饰具有浓厚的草原风格，因为蒙古族长期生活在受着地势与气候多种恶劣条件影响的塞北草原上，所以蒙古族人不论男女，四季都爱穿长袍。在这种固有的民族服饰元素下，倘若想对其加以深入探讨研究，就不得不从蒙古服饰的固有组成元素——蒙古袍，进行了解并加以分析了。

图1-2 蒙古服饰

蒙古袍造型独特，款式繁多，但它的固有元素是不会变的。这些元素主要体现在宽大袖长、高领、右衽，多数地区下端不开衩。冬天既可防寒护膝，夏天又能防蚊虫叮咬、遮暴晒，正可谓是"行可当衣，卧可作被"。从蒙古袍的季节种类上划分还可以分为单袍、夹袍、棉袍和皮袍。其款式多样，有开衩的，有不开衩的；有下摆宽的，也有下摆窄的；根据袖口进行区分，有马蹄袖式样的和不是马蹄袖的。综上所述，尽管蒙古族各部都穿蒙古袍，但也是因地而不同，各有各的特色。

乌孜别克族妇女的古代大衣"披袍"的造型非常有特点。其总体造型的形态很像袍又像披风；对襟、胸前、下摆、衣领处绣有蔓草几何纹样；而在细节造型上工艺考究，繁简相映，其胸前两侧好似两兜，上面绣有单独适合的纹样；胸前有一纽扣，袍袖已渐变成手臂，成为不能伸进去的后背装饰品，属飘带似的饰物，如图1-3所示。

图1-3 乌孜别克族女披袍

　　乌孜别克族妇女爱穿"魁纳克"连衣裙。这种裙子在总体造型上宽大多褶，不束腰带，有的在连衣裙外再穿各种颜色的坎肩，也有穿各式各样短装的。有时，在连衣裙的外面加上绣花衬衫，西服上衣，下配各式花裙，秀雅不俗，别具风采。在细节造型上，胸前往往以精细的工艺绣上各式各样的花纹和图案，并缀上五彩珠和亮片。

　　朝鲜族服装根据穿着者的年龄和场合，选用各种质地、颜色的面料制作。女子婚前穿鲜红的裙子和黄色的上衣，衣袖上有色彩缤纷的条纹；婚后则穿红裙子和绿上衣；年龄较大的妇女，可在很多颜色鲜明、花样不同的面料中选择。

　　朝鲜族妇女的短衣长裙，是朝鲜族服饰中最具传统的服装，这也是朝鲜族妇女服装的一大特色。短衣在朝鲜语中叫"则羔利"，是朝鲜族最喜欢的上衣，以直线构成肩、袖、袖头，以曲线构成领条领子，下摆与袖笼呈弧形，斜领、无扣、用布带打结，在袖口、衣襟、腋下镶有色彩鲜艳的绸缎边，只遮盖到胸部，颜色以黄、白、粉红等浅颜色为主，女性穿起来潇洒、美丽、大方；长裙，朝鲜语也叫"契玛"，是朝鲜族女子的主要服饰，腰间有长皱褶，宽松飘逸，这种衣服大多用丝绸缝制而成，色彩鲜艳，分为缠裙、筒裙、长裙、短裙、

图 1-4　朝鲜族服装

围裙。年轻女子和少女多爱穿背心式的带褶筒裙，裙长过膝盖的短裙，便于劳动；中老年妇女多穿缠裙、长裙，冬天在上衣外加穿棉（皮）坎肩。缠裙为一幅未经缝合的裙料，由裙腰、裙摆、裙带组成。上窄下宽，裙长及脚面，裙摆较宽，裙上端有许多细褶，穿时缠腰一圈后系结在右腰一侧，穿这种裙子时，里面必须加穿素白色的衬裙。长长的飘带将较为整洁的色块分割开来，使得整体效果精致而优美。这种蝴蝶结的设计在国际流行服饰中也有类似的应用。

　　白色是朝鲜族服装最喜欢的颜色，象征着纯洁、善良、高尚、神圣的意义，故朝鲜族自古就有"白衣民族"之称，自称"白衣同胞"。朝鲜民族服饰可分为官服、民服等，这些服装的结构自成一格，上衣自肩至袖头的笔直线条同领子、下摆、袖肚的曲线，构成曲线与直线的组合，没有多余的装饰，体现了"白衣民族"的古老袍服的特点。

　　维吾尔族的服装一般都比较宽松。维吾尔族妇女衣服式样很多，主要有长外衣、短外衣、坎肩、背心、衬衣、长裤、裙子等。过去维吾尔族妇女普遍都穿色彩艳丽的连衣裙和裤子，裙子大都是筒裙，上身短至胸部，下宽大，长及腿肚子。维吾尔族妇女除用各种花色的布料作连衣裙外，最喜欢用艾德来斯绸，这是一种专门用来做衣裙的绸子，富有独特的民族风格。维吾尔族妇女多在连衣裙外面穿外衣或坎肩，裙子里面穿长裤，裤子多用彩色印花布料或彩绸缝制，讲究的用单色布料做裤料，然后在裤角绣上一些花。妇女的长外衣主要有合领、直领两种，年轻妇女喜欢穿红、绿、紫等鲜艳的颜色，老年妇女喜欢穿黑、蓝、墨绿等团花、散花绸缎或布料，衣服上缀有铜、银、金质圆球形、圆片形、橄榄形扣袢，讲究的在衣领、袖口等处绣花。女式短外衣有对襟短上衣、右衽短上衣、半开右衽短上衣三种。

图1-5 维吾尔族女装

第二节 少数民族女装工艺精湛

　　民族服饰工艺在强大的欧式风格版式工艺以及成衣实用性的影响下在不断演化和蜕变着，人类服饰文化掀开了一页又一页新的篇章，这是人类服饰史的总体发展趋势。中国各民族服饰工艺经历了多少次的历史变革，作为中国本土的服装设计者，巴黎时装设计大师的设计思路带给我们很好的启发和成功的经验。目前全球经济大飞跃，高科技的鼎盛，在给民族工艺带来冲击的同时也带来了前所未有的发展契机。注重面料质感的统一和搭配，面料图案的选择与整体服饰的协调，注重简与繁、明与暗、挺括与下垂、松柔与弹性的相互补充。将中国传统的服饰材料与现代工艺、造型结合起来，强调整体的造型美，让民族风格的材质美在独特的工艺制作的基础上得以充分地发挥。

　　以国际名牌 Givenchy（纪梵希）为例，2007 年早春女装系列，秉承了 Givenchy 优雅的品牌内涵，展现出一幅当巴黎女人遇上民族特色擦碰出风情的别样风景。Givenchy 将源自少数民族部落的灵感与自己的传统精髓完美融合在了一起。Givenchy 女装在重塑品牌经典优雅形象的同时，掺入来自世界各地的特色风情，不仅面貌一新，而且极具摩登气质。巴黎式的雅致，与少数民族部落的多样之美融为一体，充分体现出了 Givenchy 女装的时尚现代感。Givenchy 的设计细节，主要体现在其灵感源自某些民族部落绘画的几何形图案的运用上。还有 Givenchy 把经典的小黑裙"变形"为时髦而优雅的摩洛哥长袍，百慕大短裤则"变身"为源自北非的吊裆灯笼裤。

　　我们的优势则更为明显，我们有着丰富的少数民族资源和独特的制作工艺。把我们祖先留下的富有深厚内涵的服饰文化灵魂，与独特的服饰工艺精髓，融入当今的时尚设计中，集现代造型设计为一体，向世人展现中国五千年文明古国的神韵，将独特的工艺制作，体现在款式、面料、色彩及着装配饰上。少数民族女装手工艺主要有民族服饰的刺绣、扎染、蜡染、蓝印花布和一些特殊的加工工艺。

　　少数民族服饰染绣工艺可谓是一大特色，扎染、蜡染、刺绣等这些都是服装设计师所常用的设计元素。其中少数民族的染色工艺是非常著名的，扎染一般是先对面料进行处理，设计师再把按照设计制作好的面料进行款式设计，这样的方法既体现了扎染原始的韵味，同时又展现了设计的现代感、视觉上标新立异的效果、感觉上古朴与现代的合而为一。蜡染工艺则是注重于局部重点刻画，它的这种手工艺方法被广泛地运用到各种各样的服装款式中，起到了对服装的提神提气效果。刺绣可以算是被运用最为宽泛的手工艺之一，尤其是苗族的刺绣。刺绣不仅可运用在高级成衣中，还可以灵活地用在很现代的日常生活用品中，如绣出具有街头涂鸦感觉的图案纹样用于 T 恤衫、牛仔裤这些年轻时尚的服装中，反而让年轻人感受到独特的另一种美感。对少数民族文化元素恰到好处的运用会充分展示出现代服装再设计的时尚创新感，将古朴的民族风情与现代的设计结合发挥到极致是设计的乐趣。John Galliano 在 2003 年将秀场变为令人惊异的中国大戏台，如图 1-6 所示，Galliano 把精细的刺绣和京剧脸谱拿来幻化出无限精细、卓越的创意设计，融合摩登浪漫的风格与传统元素，为女性增添一丝意犹未尽的韵味，并展现出极致迷人的风情。

图 1-6 John Galliano 的服装设计

　　苗族服装色彩绚丽，工艺精致细腻，装饰手段复杂多样，加之独特的以银饰为尚的装饰风格，使苗族服装更加显得美丽而充满灵气。《苗族史诗·运金运银》有云：要是人们的帐子呀，妈妈用轻巧的手，用棉花纺成纱，用纱来织成帐子，遮住了 7 月的蚊虫，连跳蚤也钻不进去。《苗族史诗·寻找树种》中也有云：要是姑娘的衣衫啊，杉木织机绷纱线，楠竹筘子理经纬，织成布匹做新衣，姑娘穿起多么美！唐代就曾经有诗人盛赞苗族的服装"五

溪衣裳共云天"的佳句。服饰成了苗族人展示才华的最佳媒介，苗族女子的聪慧和心灵手
巧也是绝无仅有。苗族的女子童年时期就要开始学习怎样纺纱怎样织布，织布、刺绣、做花、
制作服装的能力也成了一个女子贤惠能干的最重要标志。2008 年，在中央民族大学美术馆
举办的"美在民间"艺术展览，就以极其细腻真实的形式展现了苗族女子惊人的工艺水平
和艺术创造力，如图 1-7、图 1-8 所示。

图 1-7 "美在民间"艺术展（一）

图 1-8 "美在民间"艺术展（二）

　　苗族女子的上衣一般为大襟右衽或对襟交领的短衣，衣襟的边缘和领口边缘及背后都有精美的刺绣花条。苗族的传统男装简朴，同时地区差异也不是很大，一般都是对襟或者大襟左衽的短上衣，下身穿长裤，以宽腰带束腰。有时也有衣布带裹腿的穿法。这种古朴而具有东方风情的穿着方式也是难得的设计元素，可以运用于设计中，既体现中式顺其自然的精神诉求，又给身体极大的舒适和享受，图1-9、图1-10为苗族男女服装。

图1-9 苗族女装

图1-10 苗族男装

　　苗族传统的衣料是以自织的土布制成，土布织好以后，主要是以一些天然的染料来印染着色。苗族的印染技术主要材料极为丰富多样，有扎染、蜡染等工艺，主要染色原料有蓝靛、锈水、矾石、草木灰、黄豆、栀子、刺根皮、化香树、豆溜树、米酒、牛胶等。这些天然的材料经苗人之手所染的布色彩沉稳丰富而且非常高级，纹样或古朴、或精致，极富装饰性和象征意义，如图1-11、图1-12、图1-13所示。

图 1-11 富有艺术性的苗族蜡染工艺（一）

图 1-12 富有艺术性的苗族蜡染工艺（二）

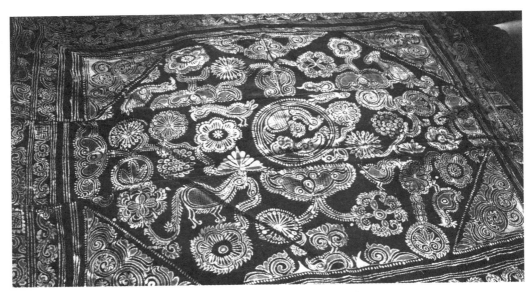

图 1-13 富有艺术性的苗族蜡染工艺（三）

　　天然无污染的面料和染织加工方式也是现代人所欠缺和追求的。越来越多的人将天然纤维和没有化学制剂染制的面料作为服装的首选。棉、麻、丝、绸的使用越来越受欢迎，而对于棉麻来说，与苗族的染制工艺和纹样结合，能够在艺术欣赏性和穿着舒适性上都达到很好的统一，如图 1-14 所示，Etro 在 2008 年春夏发布中就采用了将雪纺扎染的表现方式，蜡染工艺也在很多服装中有所运用。

图 1-14　Etro 的 2008 年春夏发布

　　苗族聪慧过人的女子并不满足于面料本身的变化，更以诸多丰富的材料再造工艺来使服装更加绚丽精美。苗族的材料再造主要包括拼贴、镶嵌和刺绣等，其中以刺绣为最。苗族的刺绣有平绣、辫绣、结绣、破线绣、挑花、缠绣、贴花绣、抽花绣、打籽绣、堆花绣等十多种。刺绣的纹样有几何纹、龙、凤、牛、蝴蝶、花、鸟、鱼、虫、日、月、云、水、枫叶、浮萍等，其造型大胆奔放，色彩艳丽和谐，包含了苗族人深刻的历史和民族文化烙印。苗族人崇拜多神和自然万物，认为蝴蝶是他们的祖先，称为"蝴蝶妈妈"，服饰中和首饰中均有很多形态各异的蝴蝶的形象，见图1-15、图1-16。他们崇拜牛、龙，身上刺绣有龙、牛纹样，更有头上所戴的银饰上牛角的形象标示了对牛的无限崇拜，见图1-17。

图1-15 苗族服装中的蝴蝶形象（一）

图1-16 苗族服装中的蝴蝶形象（二）

图1-17 苗族头饰中的牛角形象

　　"天意梁子"在时装发布中，将苗族的百褶裙和纯朴的棉麻纱运用于当季的设计中，有一款还巧妙地将苗族的银质头饰用在胸部，非常具有飘逸纯朴的气息和古老深厚的中国文化气息。时尚中华创新设计邀请赛的获奖设计师郭则焓在他的作品中用了苗族的蜡染、扎染、渐变、刺绣等元素，充满了浓郁的东方风情，如图1-18所示。2013年11月，中央民族大学美术学院服装系学生利用锡绣元素设计的服装，如图1-19所示。

图 1-18 郭则烩作品

图 1-19 中央民族大学学生设计作品

第二章

少数民族女装款式变化

第一节 少数民族女装款式特点分析

一、同一民族的不同分支款式特点不同

苗族服饰很精美并且有自己民族的特点。苗族服饰从总体来看，保持着中国民间的织、绣、挑、染的传统工艺技法，往往在运用一种主要的工艺手法的同时，穿插使用其他的工艺手法，或者挑中带绣，或者染中带绣，或者织绣结合，从而使这些服饰图案花团锦簇、溢彩流光，显示出鲜明的民族艺术特色。从内容上看，服饰图案大多取材于日常生活中各种活生生的物象，有表意和识别族类、支系及语言的重要作用，这些形象记录被专家学者称为"穿在身上的史诗"。从造型上看，采用中国传统的线描式或近乎线描式的、以单线为纹样轮廓的造型手法。从制作技艺看，服饰发展史上的五种形制，即编制型、织制型、缝制型、拼合型和剪裁型，在黔东南苗族服饰中均有范例，历史层级关系清晰，堪称服饰制作史陈列馆。从用色上看，她们善于选用多种强烈的对比色彩，努力追求颜色的浓郁和厚重的艳丽感，一般均为红、黑、白、黄、蓝五种。从构图上看，它并不强调突出主题，只注重适应服装的整体感的要求。从形式上看，分为盛装和便装。盛装，为节日礼宾和婚嫁时穿着的服装，繁复华丽，集中体现苗族服饰的艺术水平；便装，样式比盛装样式素静、简洁，用料少，费工少，供日常穿着之用。除盛装与便装之分外，苗族服饰还有年龄和地区差别。

黔东南境内苗族男女便装均较为简朴。男上装一般为左衽上衣、对襟上衣以及左衽长衫三类，以对襟上衣最为普遍。下装一般为裤脚宽盈尺许的大脚长裤。女便装上装一般为右衽上衣和圆领胸前交叉上装两类，下装为各式百褶裙和长裤。对襟男上装流行于境内大部分苗族地区，一件衣服由左、右前片，左、右后片，左、右袖六大部分组成。衣襟钉五至十一颗布扣，左襟为扣眼，右襟为扣子。上衣前摆平直，后摆呈弧形；左、右腋下摆开衩。对襟男上装质地一般为家织布、卡其布、织贡尼和士林布，色多为青、藏青、蓝色与之匹配；下装一般为家织布大裤脚长裤。近年来，青壮年多穿中山装，部分青年喜着西装。左衽男上衣流行于从江、榕江八开、台江的巫脚、反排和剑河久仰等地的苗族村寨。一件衣服由左前大襟、右前襟、后片及双袖组成，左襟与右襟相交于咽喉处正中，沿右胸前斜至右腋下至摆，订有布扣五至七颗，前摆、后摆均平直，左、右腋下摆不开衩成直筒形。左衽上装布料一般为家织布或藏青织贡尼，颜色以青色为主。左衽长衫结构与左衽上衣相同，差异仅在衣上至脚背，是苗族老年男子常穿的便装。男便装下装一般为无直裆大裤脚筒裤，裤脚宽盈尺许，裤脚与裤腿一致，由左、右，前、后四片组成，制作简便。女便装上装一般为右衽上装和无领胸前交叉式上装两类。右衽上装结构与男上装中的左衽上装大体一致，唯方向相反。无领胸前交叉式上装称"乌摆"(意为雄衣，即男人的衣)是传统的苗族女装，如"袈裟"，无纽扣，以布带束腰。苗族女便装质地一般为家织布、灯芯绒、平绒、织贡尼、士林布等，颜色一般为青、蓝等色。

　　雷山、凯里、台江三县交界地区苗族中青年妇女，一般穿浅色右衽上衣，沿托肩、袖口及右大襟边缘精绣花鸟、花草图案花边或购买现成花边，系围腰，系银质围腰链，下装着西装长裤，挽高髻于顶，着耳柱，中年妇女多包白毛巾头巾，青年妇女多戴银梳或插银衣、塑料花等饰物。老年妇女上装多穿右衽上衣或无领交叉式上衣，下穿长及脚踝青素百褶裙，系围腰。老年妇女上装饰物一般为家织布或织贡尼，颜色喜尚青、蓝色，如图2-1所示。

图2-1 雷山苗族服饰

　　凯里市的舟溪、青曼、麻江县铜鼓、开发区白午及丹寨县的南皋一带苗族妇女着便装上装，内穿翻领对襟中长衣，外套大领对襟大袖胸前交叉式上衣，袖口镶挑花花块，银链吊绣花围腰，套挑花护腕；下着过膝寸许百褶裙，扎挑花镶边脚腿，外套织锦式粉红色长裤。

　　丹寨县的扬武、长青、排调等地苗族女便装上装多穿右衽对襟上衣，前襟长及小腹，下着过膝中长裤，银质围腰链吊与裤，长围腰，裹裹腿，中老年与青年服饰无异。上、下装质料多为家织斜纹布、平纹布、灯芯绒、平绒及织贡尼等，头搭蜡染方帕或绣花头巾，如图2-2所示。

图2-2 丹寨县苗族服饰

　　凯里市炉山和黄平、施秉一带苗族妇女上装为无扣大领胸前交叉式上衣，以布带束腰；下穿过膝青衣红、白蜡花百褶裙，围紫色围裙片，质料多为家织布，颜色以青色为主。

　　雷山县的桃江、桥港、年显、略果，丹寨的排调、党早、加配、羊巫，台江县的反排等地苗族女便装，上装为齐腰紧身青素右衽上装，下着五至九寸长百褶裙，内穿紧身长裤，裙前后各拴一块二尺见方几何图案挑花围裙片，肩披挑花披肩。上装质料一般为家织布、平绒布和灯芯绒，颜色素青，挑花工艺重红、黄、白三色，少见刺绣工艺品。

　　榕江县八开、从江县加鸠、宰便以及黎平县的水口、丹寨县雅灰等地苗族妇女便装，上装穿大开领对襟上衣，无扣，内束挑花胸兜，婚前着齐膝素百褶裙或长裤，婚后着齐膝蜡花百褶裙，外以围腰束之，上衣和围腰及胸兜边缘均镶挑花花边，衣袖大臂处镶棱形臂章式花块，如图2-3所示。

图 2-3　榕江苗族服饰

　　苗族男装盛装为左衽长衫外套马褂，外观与便装相同，质地一般为绸缎、真丝等，颜色多为青、蓝、紫色，各地无异。女盛装一般下装为百褶裙，上装为缀满银片、银泡、银花的大领胸前交叉式"乌摆"或精镶花边的右衽上衣，外罩缎质绣花或挑花围裙。"乌摆"一般全身镶挑花花块，沿托肩处一般镶棱形挑花花块，无纽扣，以布带、围腰带等束之。头戴银冠、银花或银角。盛装颜色为红、黄、绿等暖调色。

二、少数民族女装款式在历史的进程中不断演变

　　旗袍是专属中国女子的服饰，不像西方人的牛仔裤、晚礼服那样全世界都穿，穿着都好看。旗袍是专为弥补中国女子自身缺陷而设计的。东方女人腰长，臀位较低，不难看出旗袍突出的是人体中段腰和曲线，所以腰长穿旗袍反而更有韵致。随着社会的发展，中西文化的交流，旗袍的款式也在不断地发生着变化，但是，不管现今旗袍的款式怎么变，有一些关键元素是不会改变的。因此，旗袍各种基本特征组成的元素慢慢稳定了下来。要把传统旗袍中的这些关键性元素巧妙地运用到现代服装设计中，体现其创新意识，我们不得不对传统旗袍固有的可设计性元素的历史演变过程进行全面分析。

　　图2-4 传统旗袍　　　　　　　　图2-5 20世纪妇女们的旗袍

（一）体现旗袍精神的要素——廓形

　　对于旗袍时尚的美学解读，尽管有观点认为其在于类似西式审美所嘉许的人体曲线显露，但事实上旗袍风尚仍体现了中国传统审美的潜意识，并构成了具有中国20世纪前期的时代特征的新衣饰美学观。旗袍是中国传统服饰中最能展现体形美的服装，穿着一定要特别合身才行。旗袍穿着不仅讲究长短、肥瘦要合适，领围、肩宽、胸围、腰围、臀围也都要合身才行，甚至于腰节长、乳间距以及腰到臀部的距离，都要合适，过紧会使人行动不便，过于宽松的，则难以呈现女性的形体美。

　　"衣裳连属、适体收腰"，廓形所表现出的柔美曲线，经过半个多世纪的演变，沉淀下来，成为旗袍最稳定的元素。30年代是旗袍的"黄金时代"，也是"海派旗袍"的诞生和成型时期，旗袍的外廓型（主要是腰部）做得十分合身，以显现女性身体的曲线；旗袍的摆线由高至低，

至 30 年代中期，已达到衣缘及地的极端，后又逐渐升高至膝；旗袍的领高变化经历了从低到高，再由高变低的过程，袖长也先从短到长再由长变短竟缩至无；旗袍的造型结构受西方服饰影响越来越大，并越来越讲究装饰。

20 年代中期，新式旗袍的袍身还是宽松的自然线型；到了 20 年代末略有收腰，但还是不明显；进入 30 年代，旗袍明显在向苗条型过渡，先是袖子趋向于贴身，然后整体款式向突出女子曲线美的苗条型发展，加大了它的时装化。30 年代的欧美服装流行趋向是收腰和女性化，受其影响，旗袍也变得长而紧身，以前女学生式的倒大袖和平直的腰身也最终不见了。40 年代，旗袍的流行趋向于简便。40 年代前期，受抗日战争的影响，旗袍以简单实用为尚，面料也不讲究。40 年代后期，旗袍造型注重强调人体曲线，暴露程度加大，旗袍摆线从小腿上部移至膝盖处，有变短的趋势。

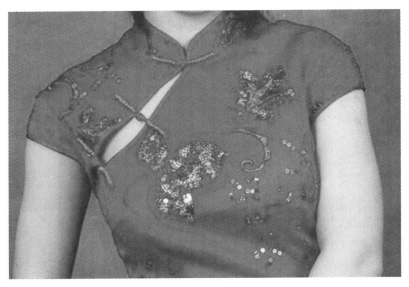

图 2-6 旗袍开襟的设计

（二）领、襟、开衩等细部设计元素

1. 旗袍的领

旗袍的领——立领，完全是中国样式的。在英语中被称呼为"chinese coller"（中国领）。其经历了从高到低再到无的全过程。领不仅有高低之分，还按角度分为倾斜式和圆筒式，领角也有圆有方，两截领片或分或合，都是小中见大、画龙点睛之笔。领型的设计也因人而异——旗袍紧扣的高领，给人以雅致而庄重的感觉，因此，脖子细长的人可以用紧而高的领子；短脖子的人穿高领的旗袍，难免会突出脖子的欠缺，领矮些、宽些，才能弥补这个不足。

图 2-7 旗袍领的设计

2. 旗袍的襟

旗袍的襟开在右边，早期是一条方直的折线，后期逐渐圆顺，变成弧线。襟的形态与旗袍的其他元素相辅相成。比如清式旗袍，宽袍大袖，严冷方正，衣襟有棱角、有转折，这样有利于整体和谐；民国旗袍曲线玲珑，襟的形态也相应柔顺起来，变成一条弧线。这些都可以给设计师一些启发。综观国际时尚之大牌服饰，早在 20 世纪五六十年代就有运用到襟的设计，随着人类审美情趣的不断提高，襟的设计更为大胆，有的甚至运用到胸围线上，错开扣位，更有故意使之不闭合的设计。

3. 旗袍的开衩

旗袍开衩始于 1933 年，1934 年便几近臀下，此后忽高忽低，与袍摆的升降共同构成流行的晴雨表。传统旗袍的开衩非常之讲究，就旗袍下摆的开衩而言，要跟身高成正比；身材修长，开衩大些，走起路来风度翩翩，煞是好看，开衩小了，便裹腿难行。矮个短腿，下摆开衩要开得小些，才能协调适当。现代时装中的"旗袍裙"，开衩的位置可以不受传统的限制，高低疏密，但求符合美的法则。

图 2-8 旗袍的开衩

三、少数民族女装品种繁多

我国妇女的服饰在清代可谓满、汉服饰并存。满族妇女以长袍为主，汉族妇女则仍以上衣下裙为时尚。自唐宋以来，汉族女子服饰主要是大襟和对襟为主。从清代开始，汉族女子服饰渐改用圆领口、大襟、五付纽扣、宽镶边，这都是模仿旗装服饰的结果，只是依然保持上衫下裙的传统装束。清代中期开始，满汉各有仿效，至后期，满族效仿汉族的风气颇盛，甚至史书有"大半旗装改汉装，宫袍截作短衣裳"之记载。而汉族仿效满族服饰的风气，也于此时在达官贵妇中流行。妇女服饰的样式及品种至清代晚期也愈来愈多样，如背心、一裹圆、裙子、大衣、云肩、围巾、手笼、抹胸、腰带、眼镜，层出不穷。满族妇女的服饰有民间和宫廷之分。

（一）满族民间装束

满族民间的装束主要有旗袍、马褂、坎肩、兜肚、皮大哈等。

1. 旗袍

女式旗袍是直立式的宽襟大袖长袍，下摆及小腿，有绣花纹饰。满族妇女往往在衣襟、领口、袖边等处，镶嵌几道花纹或彩牙儿，俗称"画道儿"或"狗牙儿"。根据季节变化，还可分为单、夹、棉、皮等几种。

　　满族女人喜欢穿"旗袍"和"缺襟袍"，如图2-9所示，旗袍意为"旗女之袍"。早期在东北地区时，是男女老少、一年四季都离不开的衣服，可以做成单、夹、皮、棉等各种样式。清朝统一全国以后，旗袍主要为妇女穿用，样式有所发展并讲究装饰。清代妇女旗袍还时兴"大挽袖"。袖长过手，袖里的下半截彩绣采用多种与袖面不同颜色的花纹，然后将它挽出来，别致、美观。另外，还有一种显示民族特点的衣袍叫作"缺襟袍"，袍子的右前襟缺一尺左右，可以用纽扣连在里襟上，是为了骑马方便。

图2-9 满族女式旗袍

　　旗袍或短装有琵琶襟、大襟和对襟等几种不同形式。与其相配的裙或裤，以满底印花、绣花和裥等工艺手段作装饰。襟边、领边和袖边均以镶、滚、绣等为饰，据江苏巡抚《训俗条》中对苏州地区的风俗衣饰称："至于妇女衣裙，则有琵琶、对襟、大襟、百裥、满花、洋印花、一块玉等式样。而镶滚之费更甚，有所谓白辱边，金白鬼子栏杆、牡丹带、盘金间绣等名色，一衫一裙，本身兰价有定，镶滚之外，不啻加倍，且衣身居十之六，镶条居十之四，一衣仅有六分绫绸。新时固觉离奇，变色则难拆改"。又有将羊皮做袄反穿，皮上亦加镶滚，更有排须云肩，冬夏各衣，均可加工。

2. 马甲

同男子一样，满族妇女也穿马甲。女式马甲的式样有一字襟、琵琶襟、对襟、大捻襟、人字襟等数种，如图 2-10 所示，多穿在外面。工艺有织花、缂丝、刺绣等。花纹有满身洒花、折枝花、整枝花、独棵花、皮球花、百蝶、仙鹤等，内容都寓有吉祥含义。清中后期，在马甲上施加如意头、多层滚边，除刺绣花边之外，加多层绦子花边、捻金绸缎镶边。

图 2-10 满族女式马甲四小件

3. 衬衣

清代女式衬衣为圆领、右衽、捻襟、直身、平袖、无开裾、有五个纽扣的长衣，袖子形式有舒袖（袖长至腕）、半宽袖（短宽袖口加接二层袖头）两类，如图 2-11 所示，袖口内再另加饰袖头，是妇女的一般日常便服。以绒绣、纳纱、平金、织花的为多。周身加边饰，晚清时边饰越来越多。常在衬衣外加穿坎肩，秋冬加皮、棉。

图 2-11 旗女衬衣

4. 云肩

云肩为妇女披在肩上的装饰物，五代时已有之，元代仪卫及舞女也穿。《元史·舆服志》记载："云肩，制如四垂云。"即四合如意形，明代妇女作为礼服上的装饰。清代妇女在婚礼服上也用，清末江南妇女梳低垂的发髻，恐衣服肩部被发髻油腻沾污，故多在肩部戴云肩。贵族妇女所用云肩，如图 2-12 所示，制作精美，有剪彩作莲花形，或结线为璎珞，周垂排须。慈禧所用的云肩，有的是用又大又圆的珍珠缉成的，1 件云肩用 3500 颗珍珠穿织而成。

图 2-12 满族女子云肩

5. 肚兜

清代"抹胸"又称"肚兜",一般做成菱形,如图 2-13 所示,上有带,穿时套在颈间,腰部另有两条带子束在背后,下面呈倒三角形,遮过肚脐,达到小腹。肚兜只有前片,后背袒露,上有系带套于颈间,腰部另有两根带子,束在背后,系带的材质不一。材质以棉、丝绸居多。系束用的带子并不局限于绳,富贵之家多用金链,中等之家多用银链、铜链,小家碧玉则用红色丝绢。红色为肚兜常见的颜色。妇女所用的兜肚,一般多用粉红、大红等鲜艳的彩色布帛制作,一些心灵手巧的年轻妇女,还常常在兜肚上绣以花纹,所绣纹样大多和爱情题材有关,如鸳鸯戏莲、和合如意等。《红楼梦》中就有这方面描写,如第 36 回:"原来是个白绫红里的兜肚,上面扎着鸳鸯戏莲的花样,红莲绿叶,五色鸳鸯。"秋冬之时所用兜肚,中间往往蓄有絮棉,以利保暖。

6. 斗篷

斗篷也叫"一口钟",是穿在外衣之外,用来避寒以及遮挡风雪用的,最初也是战场上的发明,后来流传到社会上。清代斗篷为无袖、不开衩的长外衣,满语叫"呼呼巴",也叫大衣,如图 2-14 所示,有长短两式,领有抽口领、高领和低领三种,男女都穿,官员可穿于补服之外,但蟒服不许用。行礼时须脱去一口钟,否则视为非礼。妇女所穿一口钟,用鲜艳的绸缎作面料,上绣彩纹,里子讲究的以裘皮为衬。

图 2-13 满族女子肚兜

图 2-14 清朝女子服饰"一口钟"

（二）清代宫廷服饰

1. 袍褂

清代宫廷服饰的朝服由朝冠、朝袍、朝褂、朝裙及朝珠等组成。朝袍的基本款式是由披领、护肩与袍身组成，如图2-15所示，披领也绣龙纹。皇后的朝袍更为精致，如图2-16所示。

图2-15 清代宫廷朝服

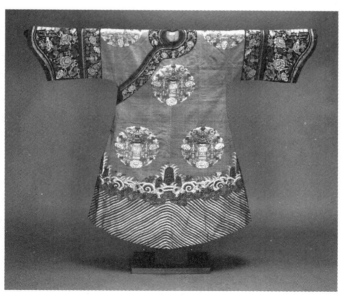

图2-16 清代皇后朝袍

朝褂是穿在朝袍之外的服饰，其样式为对襟、无领、无袖，形似背心。上面也绣有龙云及八宝平水等纹样，如图 2-17 所示。清代龙褂，样式为圆领、对襟、左右开气、袖端平直的长袍。龙褂只能为皇后、皇太后、皇贵妃、贵妃、妃、嫔服用。皇后龙褂纹饰，如图 2-18 所示，据文献记载有两种类型，北京故宫所藏实物，则有三种类型，均为石青色：第一种饰五爪龙八团，两肩、前胸后背各一团为正龙，前后襟行龙各两团，下幅八宝、寿山水浪江涯及立水纹，袖端各两条行龙及水浪纹；第二种只饰五爪金龙八团，下幅及袖端不施纹样；第三种饰五爪金龙八团，下幅加水浪江涯、寿山、立水纹。

图 2-17 清代朝褂

图 2-18 清代皇后朝褂

2. 马蹄袖

马蹄袖是清代满族男女旗袍之袖式，如图 2-19 所示，亦称箭袖。清初，满族男子所服旗袍，袖口较窄，袖端多加一长可露指的半圆形兽皮（后改布质），因其状酷似马蹄而名之马蹄袖。优点是征战、打猎时射箭方便，御寒保护手背。清中期以后，该袖式的服装渐从便服转为礼服，便服多为平袖，礼服仍为马蹄袖。

图 2-19 清朝满族马蹄袖

3. 氅衣

氅衣为清代的妇女服饰，氅衣与衬衣款式大同小异，如图2-20所示。衬衣为圆领、右衽、捻襟、直身、平袖、无开气的长衣。氅衣则左右开衩开至腋下，开衩的顶端必饰有云头，且氅衣的纹样也更加华丽，边饰的镶滚更为讲究。纹样品种繁多，并有各自的含义。大约咸丰、同治期间，京城贵族妇女衣饰镶滚花边的道数越来越多，有"十八镶滚"之称。这种以镶滚花边为服装主要装饰的风尚，一直到民国期间仍继续流行。

4. 领衣

清代礼服一般无领，穿时需在袍服上另加一硬领。春秋季节，用浅湖色缎，冬季用绒或皮，这种领子，又称"领衣"，如图2-21所示，又因形似牛舌，故俗称"牛舌头"。质料用布或绸缎，前为对襟，用纽扣系之，束在腰间。还有一种披肩，形似菱角，上面绣以纹样，多用于官员朝服。

图2-20 清代女子氅衣

图2-21 清代领衣

第二节 少数民族女装款式
在现代服装设计中的应用

一、国内外设计师对少数民族女装款式特点的应用

（一）乌孜别克族服装造型元素的应用

在现代服装设计中，有很多设计师直接延续已有的服装款式结构造型元素。这种"设计方式"是对服装的外部形态和内部结构稍加创新后，与现代最新特色的时尚面料，以及现代时尚的搭配方式相结合，营造出传统文化浓郁而又充满时尚的新设计，如图 2-22 所示是 Chanel 08 春夏高级订制服装秀中的设计，他将欧洲宫廷服饰款式进行一定的渐变与改良创新，以时尚的素色现代面料再配以现代精细做工和恰当的搭配，被视为一套时尚十足的现代未来主义时装。

图 2-22　欧洲宫廷款式的传统服装与 Chanel 08 春夏高级订制服装秀

借鉴上述经验，如果通过分析乌孜别克女披袍款式造型的特点，运用渐变、移位等构成的手段，必然也能重构出新的款式造型，同时在其款式内部细节造型上加以变化，配上各种现代时尚面料，就可以成为很现代、时尚的时装。

乌孜别克族妇女披袍款式造型中展现出具有袍和披风的特点，以及对襟、胸前、下摆、衣领处绣有蔓草几何纹样，胸前一粒纽扣、两侧有两个绣有单独适合纹样的貌似兜的装饰特点；披袍的袍袖渐变成手臂不能伸进去，而成为后背装饰品，形成独一无二的特点服装造型特点，进行传承、重构与创新，也一定能够做出与众不同的独一无二的新设计。

（二）放大藏袍款式元素特点的设计应用

藏族传统服饰有其一定的特色。这里要说的是，如何放大其某一特色，而不超越"藏族服饰"的度。舞剧《红河谷》在这一点上做得非常好，用一条洁白的哈达，既象征幸福安康，又成为藏族长袖的代替品，很有特色，其中又不乏含有宗教象征意义的设计，并以群裙的破碎感表达人物的贫民身份，最富创造力的是以藏服最具特色的藏袍为设计元素，如图2-23所示。

图2-23 舞剧《红河谷》服装

（三）彝族服饰造型元素的设计应用

中国设计师邱昊击败入围的其他九名设计师，赢得了羊毛标志大奖。他的作品和灵感就是来自彝族传统衣着，如图2-24所示。这种披肩由一整块布两端连接而形成，融合美丽诺羊毛的自然、质朴特性，看似十分原始。正是这种简单的披肩式样，以及它所唤起的柔弱、安全感和恒久的舒适感，给时尚赋予了灵魂。从线条、质地到动态的呈现，每款服装都避开刻意的设计痕迹，在柔和中实现平衡的美感。

图2-24 邱昊的参赛作品

国内更有相当多的设计师，都曾经历探索、研究并熟悉彝族服饰文化元素的过程，由此，他们在运用彝族文化元素并推进时尚服装设计的过程中，显得运用自如。例如：邓皓2009春夏发布会中，如图2-25所示，运用的就是彝族的披肩元素。他利用彝族的皮披毡的固有"形"进行立裁变化，同时在面料的质地上也改换为柔软性很高的丝绸，体现了女性飘逸阴柔的风韵和美感。

陈嘉慰的灵感来自自己早前看过的一组"彝族招待会"图像，创作的主题为《点—线—面》的5套系列作品，在2009年3月底在北京隆重举行的"汉帛奖"第17届中国国际青年设计师时装作品大赛上，荣获"汉帛奖"金奖。《点—线—面》主题系列作品，吸取彝族服饰元素精华，以庄重的"面"，欢腾的"线"，闪烁的"点"，相互交错，运用在材质上轻薄与厚重混搭的面料上，强调流畅感，时尚却不失民族文化内涵，将主题系列服装设计的形态、材质、色彩置于民族文化、时尚创新与主题赛事之中，因而取得了完美的设计成果，如图2-26所示。

图 2-25 邓皓设计作品

图 2-26 陈嘉慰在颁奖台上

二、学生作品展示

（一）瑶族服饰造型元素在解构设计手法中的应用

　　传统服饰款式结构要素的功能性和审美性可以被广泛应用于现代服装艺术设计中，它们在新的时代精神下，重新被审视和组合。设计师在应用中国传统服饰中一些元素时可以深入分析中国传统服饰的造型特征和细节。拆开中国传统服饰的造型元素，重新审视和整合，结合时尚设计出适合现代生活的服装。我们可以从西方服装设计大师的成功例子中学习如何应用中国传统服饰的造型。

学生作品系列设计通过平面与立体，传统东方服装构型与西方服装构型的碰撞来表现对平衡所做的新定义。东方平面化剪裁在于追求人体着装后服装与人体的交融以及线条的虚实流畅，而西方一直把服装与表现人体曲线结合到了一起，无论外形如何夸张，都在于体现身体的线条，在作者的作品中，每套服装表现了有意识的宽松与紧身造型的结合，以服装上的开口，如衣口、裤腿口、袖口等，作为设计的切入口，结合瑶族服饰造型的一些特点，在款式上采用解构的设计手法，肩部、背部夸张的造型以及服装内部结构分割展现女性或刚或柔的性格。在探索中进行新尝试，以打破被人们一贯接受并成为视觉习惯的服装结构，给予服饰时尚一些新的定义，如图 2-27 所示。

图 2-27 利用解构手法的毕业设计作品

每季服装流行的变化都以外轮廓的确立而展开，在服装史上，不同的时代都有着它最具代表性的服装廓形，可见服装外轮廓已经成了时代的镜子，也可以说外轮廓特征和演变能反映出社会政治、经济、文化等不同方面的信息。就近代史来说，"一战"后，女装实现了现代化，30～40年代以细长型与军服式为主。50年代后，服装外形的曲直松紧变化更加明显。60年代呈现直线的迷你风貌，70年代T形感觉的裤装搭配，80年代宽肩造型的西服套装，90年代流行于世的H形休闲服，这些无一不带有鲜明的时代特征。到了21世纪，廓形的概念正在趋向多元化，各种各样以前有的或是没有的外轮廓形都在设计师们的设计中不断地推陈出新出来。

在作者的设计中，主要体现的就是服装外在廓形的设计，特别是肩部的造型设计，是根据瑶族帽饰的廓形演变而来，并且结合当年流行的耸肩造型，将民族元素与其融合进行了创新设计。并且这一系列创意服装的亮点要属于它的廓形设计，让人看到就会眼前一亮，能够给人以强烈的视觉冲击。换个角度说，如果没有一个好的廓形设计，就算有再多的细节也是皮之不存、毛将焉附的局面。因此，在考虑造型线和饰物之前，先根据比例、量感、色彩、面料和廓形等因素，将它们结合在一起进行尝试。要像建筑师那样考虑问题，构建廓形，按比例进行实验，设计合体性和结构，最后再进行装饰，使整体设计完整协调。

（二）彝族披肩造型在设计作品中的应用

学生的毕业设计主题《复苏的图腾》系列服装设计的灵感主要来自彝族妇女节庆时候所穿戴的 "哈波勒顶" 披肩元素。在毕业设计主题《复苏的图腾》系列作品的总体形态造型上强化了羊毛披肩在外观上形成的几何的块面，以及彝族房屋其层叠的变化及一致空间的规律等富有强烈的彝族特点的元素，并通过外观柔和与内在形态硬朗这两个材质上的特点来表现服装的现代造型韵味；在系列服装的总体色调上结合当时流行的绿色为主色，外加广为流行的黄色面料作为补充和修饰，以现代人的审美意识来设计。整个主题系列的设计重点是肩部位置，主要的设计切入点是：对羊毛披肩与层叠房屋的一致空间变化规律、构造，进行有序的渐变、夸张与移位设计，在细节上展现出刚硬的尖角造型，把原本平板大块的披肩变得立体有力，结构效果上更加丰富，因而，使《复苏的图腾》系列服装呈现出富有艺术化的创意效果。由此，表现了现代女性刚直、干练强势的性格和气质。见图2-28《复苏的图腾》系列设计效果图，图2-29《复苏的图腾》最终的成品设计效果。

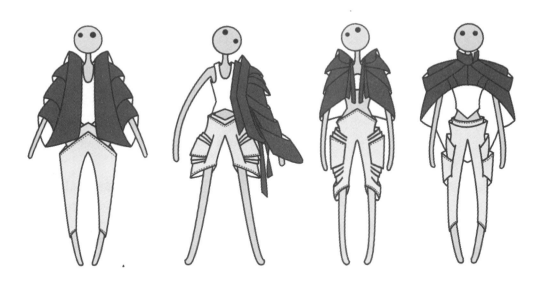

图 2-28 《复苏的图腾》系列设计效果图

图 2-29 《复苏的图腾》成衣展示效果

第三章

少数民族女装结构设计

第一节 少数民族女装结构设计概述

一、服装结构设计的产生及发展

从人类开始用衣来裹体的远古时代起至今，服装的变迁已有悠久的历史了。在适应地球上众多民族、各个地域的气候、风土人情、生活方式等方面，作为民族服装及每个阶段中人的装束，服装围绕着其时代背景发生着变迁，直至今天。现代人所穿的服装，是经历了各个时代围绕着社会的变迁而其形态也逐渐演变过来的。早在数千年前，人类就已经进入了使用直线裁剪、经过缝制构成平面造型服装的时代。

服装结构设计属自然科学范畴，主要研究人体体表特征、体型生长规律、服装结构的种类及特性、结构线的特征、服装曲面的结构处理、服装舒适量构成、服装结构及平面构成和立体构成原理、基础纸样的设计原理、各部件的结构设计原理等，简要地说，主要是研究服装立体形态与平面展开图之间的对应关系，服装装饰性与功能性的优化组合，结构的分解与构成规律等。现代服装工程是由款式设计、结构设计、工艺设计三部分组成。结构设计作为服装工程的重要组成，既是款式设计的延伸和发展，又是工艺设计的准备和基础。其一方面将造型设计所确定的立体形态的服装廓体造型和细部造型分解成平面的衣片，揭示服装细部的形状、数量、吻合关系，整体与细部的组合关系，修正造型设计图中不可分解部分，改正费工费料的不合理的结构关系，从而使服装造型达到合理完美。另一方面，结构设计又为缝制加工提供了成套、规格齐全、结构合理的系列样板，为部件的吻合和各层材料的形态匹配提供了必要的参考，有利于制作出能充分体现设计风格的服装，因此服装结构设计在整个服装设计制作中起着承上启下的作用。

服装结构设计和其他自然科学一样是在人类认识自然、改造自然的过程中产生和发展起来的。

在上古时期，人类用兽皮保护身体取暖，形成最原始的衣服雏形。在距今大约一两万年前，人类已经懂得将兽皮分割成不同形状的皮片，用骨针缝制成兽皮衣服，但还不能进行适当的剪切，制作成合体的衣服。历史进化到氏族社会时期，出现了石质和陶制的纺轮，人类懂得用植物纤维纺线和织成布料，出现了用布料制成的宽松的披挂式和围身形服装。如古希腊的多立安上衣、古罗马的斯托拉、佩利尼姆等服装，这些服装多为宽大的束腰款式，在结构上属于将人体简化为可展曲面的平面结构类，在具体构成手法上开始形成简单的粗线条的平面构成和将布料覆合在人体上进行剪切的立体构成。公元 460 年，欧洲人发明了名为豪佩兰德的紧身裤以及布利奥德紧身胸衣，服装开始趋向贴体、合身，其剪裁技术发展到将人体体表表现作不可展曲面的立体构成阶段。

17 世纪以后，服装结构制图由简单依靠经验进入到数学推理的规范化阶段。世界上第一本记载服装结构制图公式与排料图的书籍是 1589 年由贾·德·奥斯加所著的《纸样裁剪》，在西班牙马德里出版。1798 年法国数学家卡斯帕特摩根出版了《画法几何学》，为平面制图提供了方便的工具。1828 年法国格朗姆·康拜因为使流行的比例制图方法系统化做出了很大的努力，但在充实服装结构制图并使之严密的最大功劳者是德国的数学家亨利·乌木，他在 1834 年于汉堡首次出版了单独阐明比例制图法原理的教科书，奠定了比例制图的合理、科学、规范化的基础。随之，1871 年在英国伦敦出版了《绅士服装的数学比例和结构模型指南》一书，该书进一步奠定了服装结构制图的科学性，从而最终将服装结构设计纳入近代科学技术的轨道。

二、少数民族女装结构设计研究的目的与任务

如果说西方服装史是立体结构造型的发展史，那么东方服装史则是平面结构的变化史。我国传统的结构设计基本上是按照平面结构形式进行的，直至 19 世纪末引入了西方的服装设计制作技术，并逐渐形成了西式裁剪技术这一概念。近百年来，中国的服装工作者对西方裁剪技术经历了引进、消化、吸收、改进、提高的过程，形成了符合中国国情的分配比例形式的结构制图方法。

现代服装结构变得多种多样、层出不穷，既可合体又可宽松。衣片结构既可以有腰线也可以无腰线结构，既可以用插肩袖也可以用连肩袖，服装可进行不同的分割处理，以达到不同的造型效果及分割线外观效果。

相比之下，我国传统少数民族服装属于相对简单的平面结构，没有任何立体造型结构，没有把平面的服装材料制成空间曲面的立体。通常上衣是普通的平袖结构，并且没有袖山，衣片的变化主要是两侧是否开衩、前后下摆的长短不一等；下衣一般是百褶裙、筒裙等，裤子也没有太多的立体构成。这些平面结构的服装最终是在人体穿着后完成立体造型的。但相对于立体结构而言，平面结构的服装在合体性上还有一定的欠缺。女性的身体是较复杂的立体形态，用平面的布料制成衣服轮廓，要将人体的曲线清楚地表现出来，必须在凹凸差很大的部位加入结构线再分成多个面，或是加入褶裥、省道，这样才能成为适合人体的轮廓线，同时也形成了各不相同的款式和造型。相反，浮于身体的线条构成的将是不贴

合立体形态的轮廓线。因此，本章希望能够借以现代的立体结构，来塑造我国少数民族女装的款式特点。为了尽量保持原少数民族女装的基本造型，在衣身的结构上不做立体结构处理，而领子、袖子和裙子结构本身就具有立体造型效果，所以本章采用西方立体结构去设计相关领型、袖型和裙型，用以达到在不改变民族服装原有造型的基础上，实施相应的立体结构处理。

图3-1 立体结构的女装款式

图 3-2 平面结构的女装款式

三、服装结构制图的符号及术语

服装结构制图是传达服装设计意图，沟通服装设计、生产、管理部门的技术语言，是组织和指导生产的技术文件之一。服装结构制图作为服装制图的组成，是一种对服装结构标准样板的制定、系列样板的缩放起指导作用的技术语言。服装结构制图的规则和符号都有严格的规定，以便保证服装制图格式的统一和规范。

服装结构制图的具体程序如下：先画基础线、后画轮廓线和内部结构线。在画基础线时一般是先横后纵，即先定长度、后定宽度，由上至下、由左至右进行。画好基础线后，根据轮廓线的绘制要求，在有关部位标出若干工艺点，最后用直线、曲线和光滑的弧线准确地连接各部位定点和工艺点，画出轮廓线。服装结构制图时尺寸一般使用的是服装成品规格，即各主要部位的实际尺寸，但用原型法制图时，必须知道着装者的胸围、臀围、袖长、裤长等重要部位的净尺寸。为方便制图和读图，制图时各种图线有严格的规定：常用的有粗实线、细实线、虚线、点画线、双点画线等，各种制图用线的形状、作用都不同，各自代表约定俗成的含义。

服装结构制图各部位名称如下面各图所示。

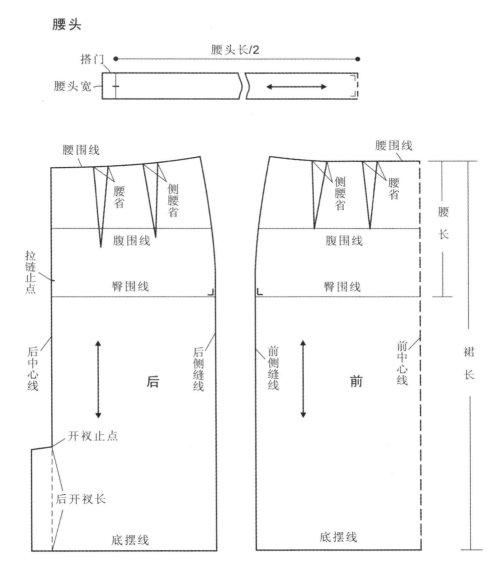

图3-3 裙子结构图各部位名称

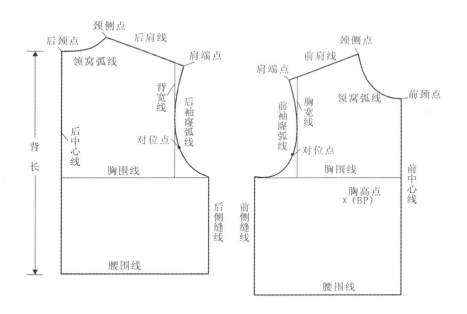

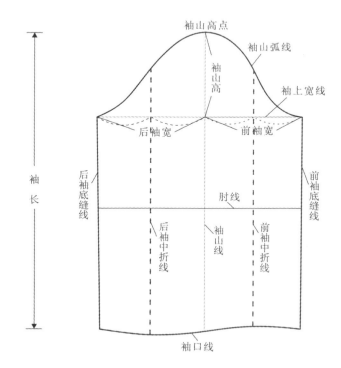

图 3-4 衣身结构图各部位名称

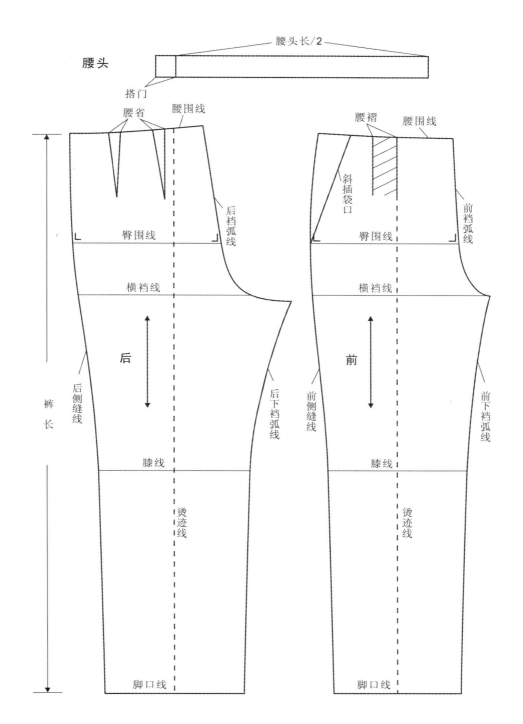

图 3-5 裤子结构图各部位名称

服装结构制图符号如下图所示。

名称	制图符号	说明
完成线 对折线	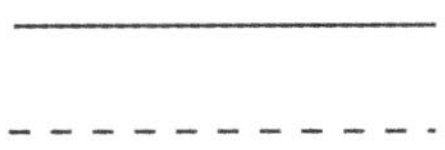 —————————— - - - - - - - - - - -	这是服装结构制图中最粗的线条。它分为两种,一种是实线,另一种是虚线,都是结构完成线,也称轮廓线。其中虚线是表示对折的结构完成线。如衬衫的后衣片中心线等。
基础线 辅助线	 —————————— · · · · · · · · · · · · · · ·	这是服装结构制图中最细的线条,同样分实线和虚线,它是结构制图的基础线和向导线,也称辅助线。
等分线	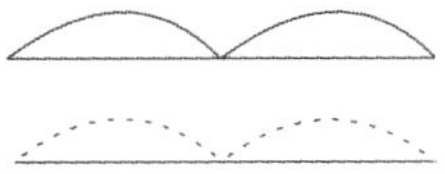 ⌒⌒	这是结构制图中表示按一定的长度分为若干等份,用实线和虚线均可,也采用最细的线绘制即可。
贴边线 挂面线	 - · - · - · - · - · -	这是结构制图中表示上衣或裤子等门襟内侧贴边或挂面宽度的结构线。
翻折线 烫迹线	 - - - - - - - - - - -	这是结构制图中表示翻折的结构线。如翻领中的翻折线、翻驳领中的翻驳线和裤子的前后烫迹线等。
相等符号	★ ● ■ ▲ ◆ ❙ ❙❙ ❙❙❙ ❙❙❙❙	在结构制图中有许多部位的长度是相等或按一定的比例作出的,而为了避免在同一个结构图中造成混淆,就会采用各种不同的相等符号来加以区分。
胸高点	×BP	它在女装结构制图中表示胸高点的位置。

图3-6 服装结构制图符号(一)

名称	制图符号	说明
直角线		在服装结构制图中,所有的纵向与横向的基础线都是必须相互垂直形成直角线的。
直角完成线		在服装结构制图中因为放摆的缘故,有一些衣身及裙子等的前后破缝及侧缝的底边线中,都会形成小于90度的角度.如果就此缝合必然会在底边形成一个角度.因此,放摆后底边线都要与前后破缝及侧缝线修正成直角线。
交叉重叠	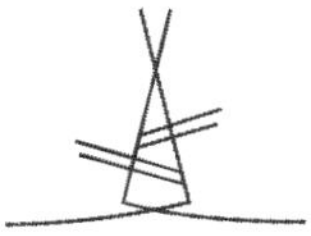	在双轨线交叉的部位为结构纸样的重叠部分,在纸样剪开后要补出。
缉明线	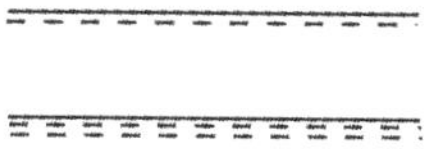	这是服装结构制图中表示要求缉明线的标志,分单明线,双明线,多明线等。
纱向线		这是服装结构制图中表示面料纱向的标记.用双箭头线画出,双箭头线所指为经纱向。
斜纱向线	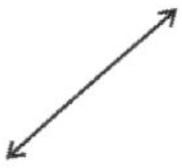	有些具有飘逸感的服装是要求采用斜纱向来制作的.如大摆的裙子,柔软的吊带式睡裙等.斜纱向线是用45度角的双箭头斜线画出.双箭头斜线所指为经纱向。
倒顺毛	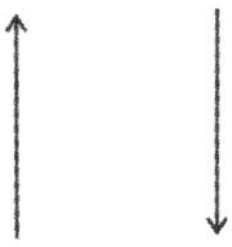	有些服装的面料会有倒顺毛的差异,如毛皮,平绒,灯芯绒面料等.如果把它们按倒顺毛放在一起,那么,在色泽上就会产生顺光和逆光的差异.因此,在排料时一定要按同一个方向作出.图中箭头向上所指为顺毛方向。
拔开		这是服装结构制图中表示面料拔开的标记,用双尖角画出.服装结构制图中需要拔开的部位为人体向内凹进的部位,如前肩线部分,前后侧缝的腰节部分,袖大片前内弯部分等。
归拢	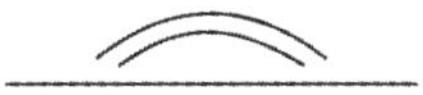	这是服装结构制图中表示面料归拢的标记,用双圆弧线画出.服装结构制图中需要归拢的部位为人体向外突起的部位,如后肩线部分,前后中缝的雄伟线部分,袖大片后肘外弯部分等。
抽褶	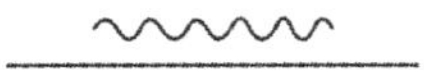	这是服装结构制图中表示面料抽褶的标记.用波浪线画出,服装制图中的抽褶是指那些需要作碎褶的服装,如碎褶裙,宝塔裙,上衣中的过肩褶,育克褶,袖子中的袖山褶,袖口褶等。

图 3-7 服装结构制图符号(二)

名称	制图符号	说明
省	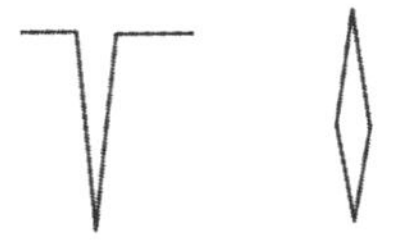	"省"是在结构制图中为了在服装缝制时把衣片中多余的量缝合掉而作出的一个标记。"省"又分尖角形和菱形两种，尖角形省包括前后肩省和下装的前后腰省等，菱形省多为上衣和连衣裙中的前后腰省。
褶		褶在最基本的功能上是与"省"相同的，但褶是不缝合的。所以褶也被称为活褶。褶的种类较多，有对褶，反向褶、单向褶等。褶的方向按褶中的斜向线由高的一侧折向低的一侧。
折叠展开	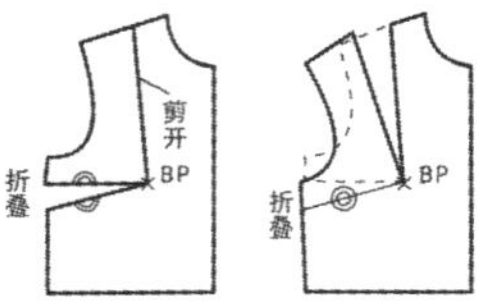	在女装结构制图中，侧缝省是最容易画出的。而要直接画出其他种类的省，如肩省、领窝省或袖窿省等就要复杂许多。所以，女装制图中都会采用先画出侧缝省，再折叠展开转移到其他省的方法。比如肩省制图就是先画出侧缝省，再设定肩省位并剪开，然后再折叠转移到肩省中。
双向剪开	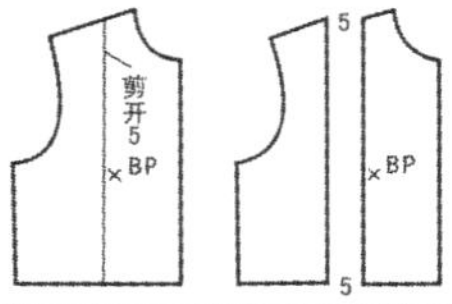	这是服装结构制图中表示要把纸样再平行切展开。剪开线用粗直线画出，剪开宽度用文字在图中标出。
单向剪开	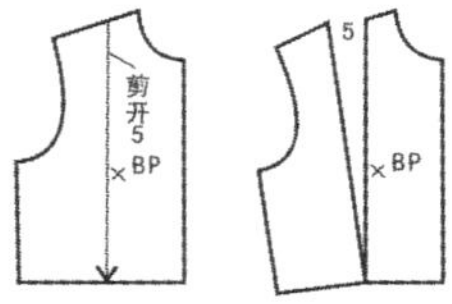	这是服装结构制图中表示要把纸样作单向切展。剪开线用带箭头的直线画出，箭头方向为展开固定点，另一端按剪开宽度作展开。
拼合	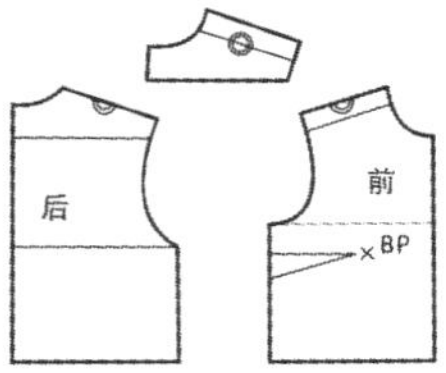	这种把两个半圆拼合成一个圆，正是服装结构制图中的一种拼合符号。图中的过肩部分就是把前后衣片的肩部各剪下一部分再拼合而成。
对位点	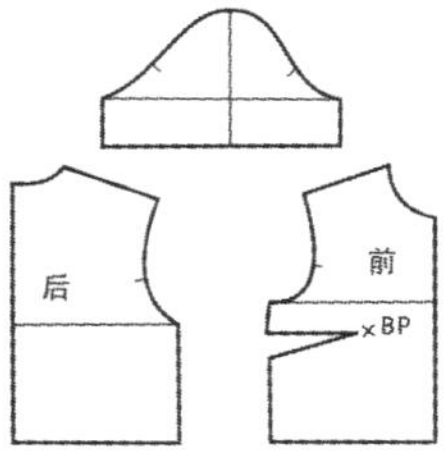	对位在服装缝制过程中是非常重要的，它能防止服装在缝制过程中的盲目性，使各衣片之间有效吻合。这样不仅能提高生产效率，还能保证缝制质量。服装缝制过程中的对位包括领子与领窝，前后衣身的侧缝，袖子的袖山与衣身袖窿，袖子的大小袖片等。
纽扣与扣眼		这是服装结构制图中表示纽扣与扣眼的位置，纽扣与扣眼的位置都是在中心线的基础上定出的。而扣眼的前端必须适当偏出前中心线。

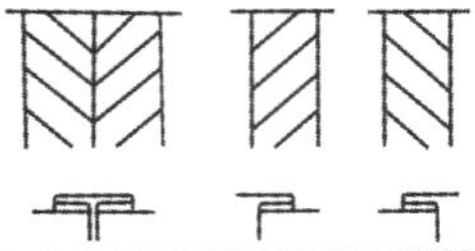

图3-8 服装结构制图符号（三）

服装结构制图各部位英文及代号如图3-9所示。

序号	中 文	英 文	代号	序号	中 文	英 文	代号
1	领围	Neck Girth	N	24	前衣长	Front Length	FL
2	胸围	Bust Girth	B	25	后衣长	Back Length	BL
3	腰围	Waist Girth	W	26	头围	Head Size	HS
4	臀围	Hip Girth	H	27	前中心线	Front Center Line	FCL
5	大腿根围	Thigh Size	TS	28	后中心线	Back Center Line	BCL
6	领围线	Neck Line	NL	29	前腰节长	Front Waist Length	FWL
7	前领围	Front Neck	FN	30	后腰节长	Back Waist Length	BWL
8	后领围	Back Neck	BN	31	前胸宽	Front Bust Width	FBW
9	上胸围线	Chest Line	CL	32	后背宽	Back Bust Width	BBW
10	胸围线	Bust Line	BL	33	肩宽	Shoulder Width	S
11	下胸围线	Under Bust Line	UBL	34	裤长	Trousers Length	TL
12	腰围线	Waist Line	WL	35	股下长	Inside Length	IL
13	中臀围线	Middle Hip Line	MHL	36	前上裆	Front Rise	FR
14	臀围线	Hip Line	HL	37	后上裆	Back Rise	BR
15	肘线	Elbow Line	EL	38	脚口	Slacks Bottom	SB
16	膝盖线	Knee Line	KL	39	袖山	Arm Top	AT
17	胸点	Bust Point	BP	40	袖肥	Biceps Circumference	BC
18	侧颈点	Side Neck Point	SNP	41	袖窿深	Arm Hole Line	AHL
19	前颈点	Front Neck Point	FNP	42	袖口	Cuff Width	CW
20	后颈点	Back Neck Point	BNP	43	袖长	Sleeve Length	SL
21	肩端点	Shoulder Point	SP	44	肘长	Elbow Length	EL
22	袖窿	Arm Hole	AH	45	领座	Stand Collar	SC
23	衣长	Length	L	46	领高	Collar Rib	CR

图3-9 服装结构制图各部位英文代码

四、服装结构制图与工艺制作所需工具

在服装的制作过程中，需要用到许多工具，按照各工具的用途来分，主要有测量、作图、做印记、裁剪、缝制、熨烫等工具。其中服装结构制图工具如下：

1. 方眼定规尺

主要用于纸样制作时测量尺寸，画直线或曲线。

图 3-10 方眼定规尺

图 3-11 不锈钢直尺

2. 不锈钢直尺

用于引线、剪切纸等。

3. 弯尺

两侧呈柔和的弧线形状，用于画裙子或裤子的侧缝线、下裆的弧线等。

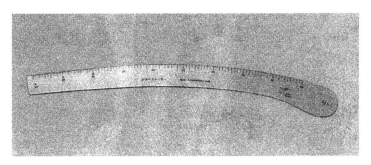

图 3-12 弯尺

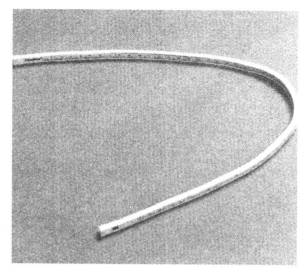

图 3-13 软尺

4. 软尺

用于量曲线、画曲线，尺的中间加入铅丝，可在需量的部位弯曲，以准确地量出形态的尺寸。

5. 比例尺

用于笔记本上作图，是有直角和弧线的三角形尺，有 1:4、1:5 的规格，透明质地的使用方便。

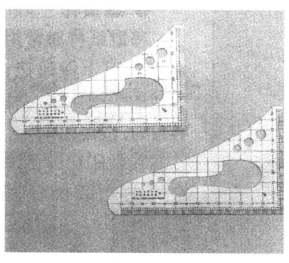

图 3-14 比例尺

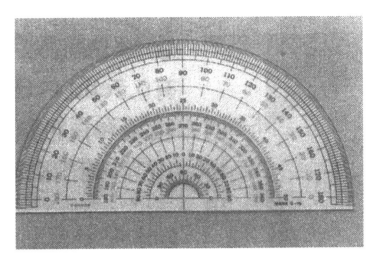

图 3-15 量角器

6. 量角器

在作图时用于量肩斜度、褶裥量、喇叭裙的展开量等角度的测量。

7. 圆规

用于作图时画圆和弧线，也用于由交点作图求得相同尺寸。

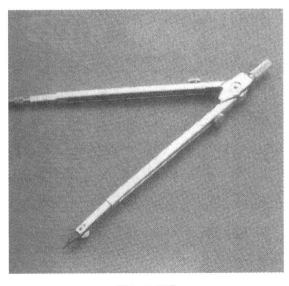

图 3-16 圆规

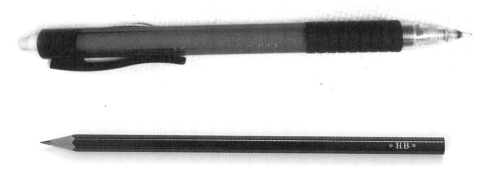

图 3-18 制图铅笔（二）

8. 制图铅笔

用于绘制结构图。

9. 按钉

属固定钉、作图时防止纸样移动时常使用。

10. 滚轮

移取纸样时常用它在布面上做印记，齿轮的齿很尖锐，在面料做印记时最好在两层布间加复写纸。

11. 作图用纸

牛皮纸。

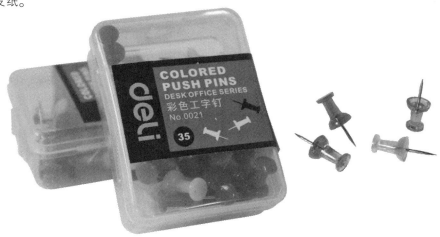

图 3-19 按钉

图 3-20 滚轮

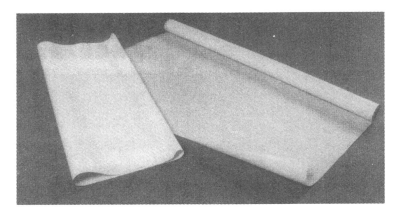

图 3-21 牛皮纸

12. 皮尺

用于测量制图所需尺寸。

图 3-22 皮尺（一）

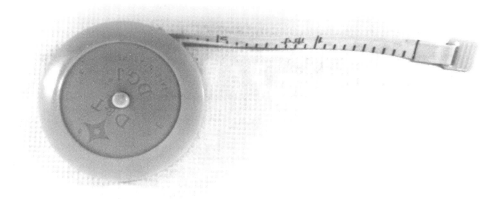

图 3-23 皮尺（二）

13. 记号笔

用于对位点、扣位、袋位等的标记。

图 3-24 记号笔

14. 剪刀（剪样板）

用于服装样板的剪裁。

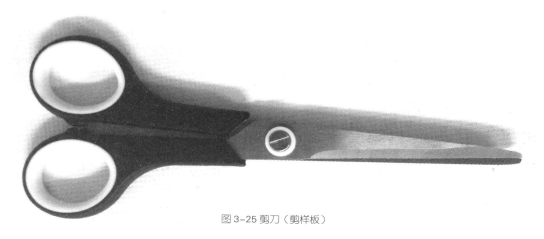

图 3-25 剪刀（剪样板）

服装制作工艺工具如下：

1. 画粉

用于裁剪布料时作标记。

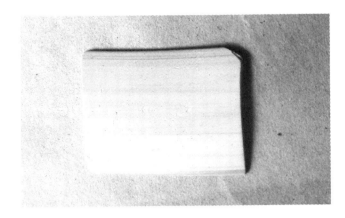

图3-26 画粉

2. 大头针

用于假缝时固定衣片。

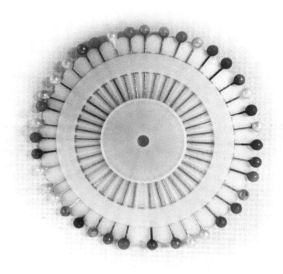 

图3-27 大头针（一）（有珠头）　　　　图3-28 大头针（二）

3. 剪刀

用于裁剪布料。

图 3-29 剪刀（裁布）

4. 砂剪

用于缝制过程中剪线头。

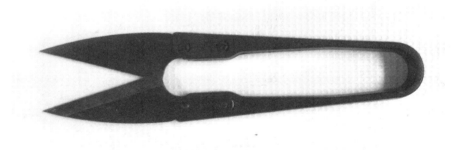

图 3-30 砂剪

5. 锥子

用于做记号及缝制过程中控制衣片。

6. 梭皮梭芯和缝制线

用于缝纫工序。
服装制作完成后用于整烫的工具主要有烫台、熨斗等。

图 3-31 锥子

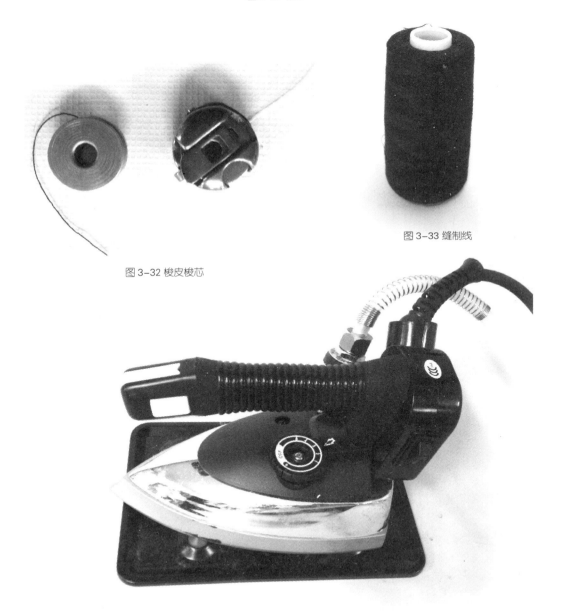

图 3-33 缝制线

图 3-32 梭皮梭芯

第二节 服装结构构成方法

一、服装结构构成方法的种类

服装结构的构成方法有平面构成和立体构成，在实际操作时往往将两种方法交替使用。服装结构的平面构成又称为平面裁剪，是指将人体的实测尺寸通过人的思维分析，进而通过服装把人体的立体三维关系转换成服装纸样的二维关系，并通过定寸或公式绘制出平面的图形（板型）。服装结构的平面构成方法具有简捷、方便、绘图精确等优点，但由于绘制过程中纸样和服装之间缺乏形象、具体的立体对应关系，因此影响了三维设计到二维设计，进而再由二维设计转换为三维成衣的准确性，因此在实际应用时常使用假缝而达到立体造型的检验，再进行补正的方法进行修正，以达到造型完美。

服装结构的立体构成又称为立体裁剪，是将布料覆合在人体或人台上，将布料通过折叠、收省、聚集、提拉等手法完成效果图所要求的服装主体形态，然后展平成二维的布样，最后通过转换变成二维的服装样板。由于服装立体构成的整体操作是在人体或人台上进行，从三维设计效果转换到二维布样，最后再具体转换为三维成衣，二维布样的直观效果好，便于设计思想的充分发挥和修正。立体构成还能解决平面构成难以解决的不对称性、多皱褶等复杂造型，但服装立体构成对操作者的技术素质和艺术修养也要求很高。

鉴于服装结构两种构成方法各具所长，各有所短，因此，在服装产业的使用上采用以下三种模式：

1. 立体构成为主、平面构成为辅的模式

在标准人台上以立体构成技术为主、平面构成技术为辅，形成服装立体构成布样，再转换为具体服装款式纸样，再进行布样修正，最后进行推板的操作模式，并运用在各类服装的构成。

2. 立体构成、平面构成并举的模式

立体形态较规则的服装结构使用平面构成，再到立体检验，再进行修正，最后进行推板的模式，此类服装如常用的衬衫、西服、裤类等；而立体形态复杂的服装使用立体构成，如晚礼服、婚纱及不对称创意成衣等。

3. 平面构成为主、立体构成为辅的模式

此种模式对所有服装的构成都适用：立体形态较规则的部件用平面构成，立体形态复杂的部件用立体构成，形成平面构成款式纸样，再到立体检验，再进行修正，最后进行推板的模式。

二、服装平面构成方法

平面构成技术又称平面裁剪，是指在平面的牛皮纸上按定寸或公式制作平面裁剪图，并完成放缝、对位、标注各类技术符号等技术工作，最后剪切、整理成规范的平面纸样。服装平面构成相对于立体构成而言，更需操作者具有将三维服装形态展平为二维纸样的能力。服装平面构成，首先考虑人体特征、款式造型风格、控制部位的尺寸，并结合人体穿衣的动态、静态舒适要求，运用相关尺寸的公式作为服装细部计算方法，通过平面制图的形式绘制出所需的服装结构图。

服装平面制图是将已经设计好的服装款式在想象中立体化，利用预先测量获得的人体相关部位尺寸，绘制成立体形态相对应的平面展开图的方法。服装平面制图是将想象中的立体形态转化为具体的平面展开图，与直接用布料在人台上边做边确认的立体裁剪相比，其涉及难度较高的图形学计算等方面的内容。但现在使用较为普遍的"原型法"制图，由于原型本身是包裹人体尺寸和形态的最基本的服装，因此，相对来说是一种简单易学的平面纸样制图方法。由于在服装平面纸样的设计过程中，既要考虑服装款式的创造性，又要满足人体的活动要求，因此，充分理解服装原型的特性并具备预测服装新造型平面展开图的能力十分重要。

服装结构平面构成方法又分为原型法和比例法两种。其中原型法是指采用原型作为基本型，在其基础上根据服装具体尺寸及款式造型，通过加放、缩减尺寸及剪切、折叠、拉展等技术手法制作所需服装的平面结构图。而比例法是指通过大量人体体型测量后，得到较为精确的尺寸关系式，再将此关系式进行简化，变为实用的制图计算公式，其形式往往随公式中变量项系数的比例形式而不同，利用这些计算公式绘制出所需的平面结构图。

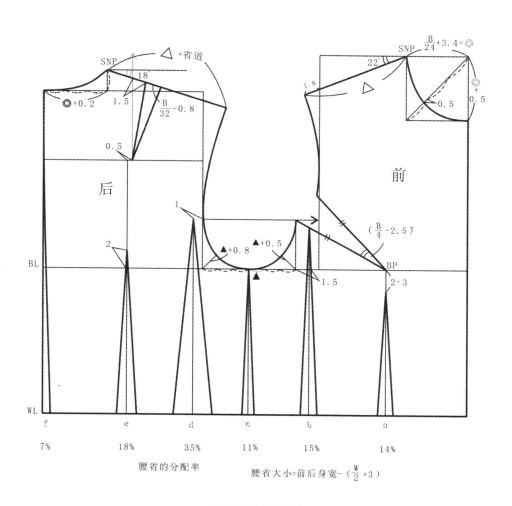

图3-35 原型法绘图

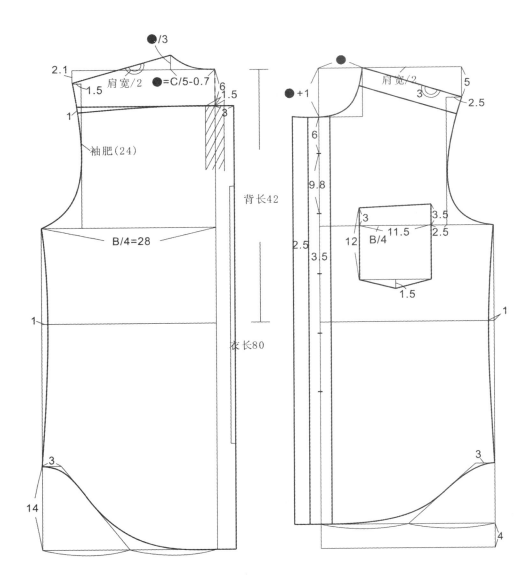

图3-36 比例法绘图

三、服装立体构成方法

　　服装立体构成方法又称为立体裁剪，是指首先利用试用布料、坯布等，直接覆在代替人体的人台上，在创作造型的同时剪掉多余的部分，并用大头针固定从而使服装设计具体化的方法。服装立体裁剪不仅可以实现设计效果图的造型要求，有时在操作过程中，还可以结合服装面料的风格和物理特性，进行再创作和再设计。

　　服装立体裁剪的过程中，可以直接使用实物的布料，但在大多数情况下是使用平纹坯布，市场上面出售的坯布，根据坯布的厚薄、组织粗密等分为不同的等级，一般应尽量选择与实物布料效果接近的坯布。

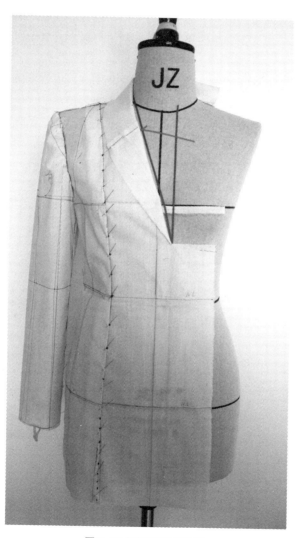

图 3-37 服装立体构成方法

在单裁单量即制作单件个体服装时，一般根据着装者的体型选择合适的人台，如果人台与着装者的实际体型有差距，也可以用膨松棉在人台上进行体型补正。用于制作单件服装的人台一般为裸体人台，大多采用与人体尺寸相同或者腰围尺寸略小的人台。裸体人台的肩胛骨较明显，手臂部位的前后腋点突出量略有收敛。因此，在进行立体裁剪时，加入适度的放松量非常重要。

对于工厂批量生产的服装，由于其着装对象为大量不确定的人群，所以服装成品规格需要与着装者的平均尺寸或者某一号型的平均体型相符合。也就是说，所选择的人台一般需要与目前施行的日本工业规格（JIS）号型相符合。目前在市场上有多种人台销售，为了制作成衣样品，通常使用工业用的"已加入松量的人台"。目前市场上所销售的人台在人体形态的特征体现和放松量加入等方面存在着微妙的差异。因此选择人台最恰当的方法是以全国人体计测值和三维体型测量结果为基础，同时根据企业制作的服装种类和目标顾客年龄层的体型特征进行综合选择。

利用坯布通过大头针固定成立体造型后，在立裁完成线的位置做出标记，取下大头针后将每一片坯布展开，使其恢复成平面状态，整理修正后便可形成平面纸样。在布样整理过程中，坯布的经、纬纱向分别对应纸样的垂直线和水平线。由于在制作过程中，坯布各缝线位置是用大头针固定的，因此有时会出现不自然的曲线凹凸，因而需要修正所有的缝合线，使其线条流畅，同时保证在两块布片缝合时，缝合线的长度一致。在立体裁剪时，当实际使用的面料比试用的坯布厚，并且两者差别较大时，则需要在立体裁剪得到的纸样上适当追加实际使用布料的厚度量和增加厚度后所需的松量，以制成实际布料的纸样。

第三节 少数民族女装领子结构设计

一、领子结构分类

在领子的结构设计中，根据每种领子的结构特点，可以分为无领、原身出领、立领、立翻领、平翻领、驳领等类别，而每种领子结构结合抽褶、波浪、垂褶等工艺处理又可产生多种款式，见如下领子款式图。

一些服装款式中，不设计单独的领子部件，而是把衣身的领口直接设计成 U 形、弧形、一字形等结构，这种款式被称为无领结构，用于 T 恤、背心、套装等款式中。

在女装上衣的结构设计中，为了增加肩和领口部位的层次感，经常采用原身出领的结构，也就是按照衣身领口部位的结构裁出贴边形式的领子，利用增加分割线、改换面料、增加肌理等方式，产生领子的独立造型，如垂领等。

立领结构通常是指领身与人体的脖颈平行、与衣身的领口成一定夹角的领子结构，这种领子只有领座部分，通过改变领座的角度、宽窄、领口形状来达到款式的变化，如旗袍的领子、中山装的领子等。

U形领(无领)　　　　　　立翻领　　　　　　立领

图 3-38 领子款式图（一）

立翻领又被称为企领、衬衫领，它的领身包括领座和翻领两部分，这两部分是分离的，是依靠缝合而相连的衣领。这种领子通过翻领的宽窄、领口形状来进行款式变化，主要出现在衬衫、夹克的款式变化中。

当领身与衣身领窝的夹角为零时，就产生了平翻领。与立翻领的区别在于，这种领子只有翻领部分，没有领座部分。平翻领通过改变翻领的外轮廓来达到款式变化的目的，如荷叶边领、海军领，这种领子结构通常用于衬衫的款式设计中。

驳领又称西装领，分为平驳领、戗驳领、青果领几种。驳领结构是指具有串口线、驳头等结构特点的领子，通常用于西装、大衣等服装的款式变化中。

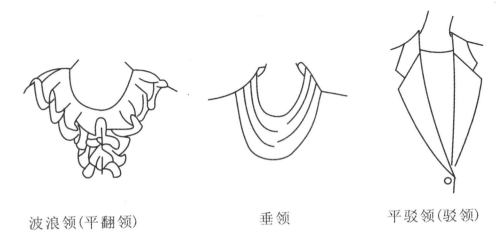

波浪领(平翻领)　　　　　垂领　　　　　平驳领(驳领)

图3-39 领子款式图（二）

二、少数民族女装领子结构特点

在少数民族女装领子的结构设计中，除了驳领结构应用较少以外，其他几种领子结构设计都较为常见。

俄罗斯族的U形领马甲是典型的无领结构，还有一些贯头衣结构的民族服装都属于无领结构，如黎族、油邑式苗族女装等贯头衣款式。

原身出领结构有代表性的款式有朝鲜族的圆衫、畲族女子的凤凰装、维吾尔族的一些款式中。这些款式通过改变面料颜色、刺绣图案等方式达到领口的设计。

在少数民族女装中，立领结构较多，如旗袍等款式。在处理这种结构过程中，采用改变领嘴形状、刺绣图案等方式来达到款式的变化。在民族服装中常见的一种领型——交领，该领型的结构处于原身出领和立领结构的中间状态，如苗族女装领子。

图3-40 俄罗斯族U形领女马甲

图3-41 黎族V形领女上衣

图3-42 畲族原身出领

图3-43 维吾尔族原身出领

图 3-44 满族立领

图 3-45 苗族交领

　　贵州省安龙县一带的化力坡式苗族女装领子是立翻领结构，又称衬衫领结构，这种结构通过领座和领面的倒伏量设计，来达到领子抱脖的结构特点。不过，这种结构在少数民族女装中较为罕见。

图 3-46 化力坡式苗族立翻领

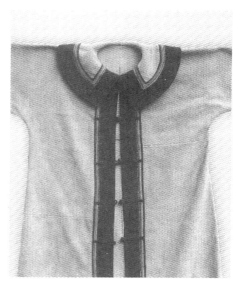

图 3-47 鄂温克族平翻领

平翻领结构在少数民族女装中较为常见，并且款式变化较多。鄂温克族服饰中的大翻领结构是典型的平翻领款式；而柯尔克孜族的波形领是平翻领改变外领口造型的款式变化；红寨式苗族女装的领子是海军领结构，也是平翻领的一种。

图 3-48 柯尔克孜族波形领

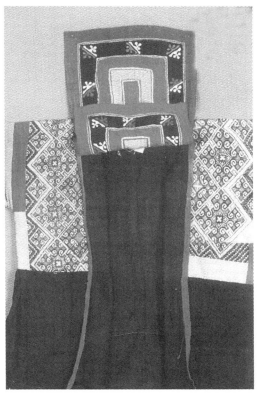

图 3-49 红寨式苗族海军领

三、少数民族女装结构设计

1. U 形领

U 形领是无领结构，主要依据服装的领圈进行领型的设计。

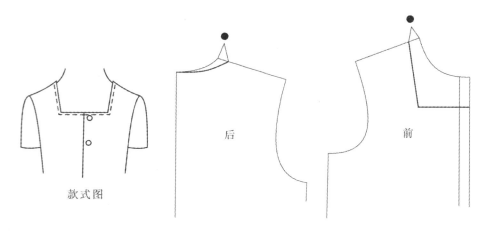

款式图　　　　后　　　　前

U形领结构制图

图 3-50 U 形领结构图

绘图步骤：

（1）绘制完衣身部位的结构图；

（2）根据款式确定后领口宽；

（3）确定前横开领，使其与后领口宽一致；

（4）根据款式确定前领中心线的位置。

2. 原身出领

原身出领是指领子与衣身连为一体的领型设计。原身出领又称连身领，而连身的概念可以指部分连身，也可指全部连身两种。图 3-51 是部分连身的结构图。

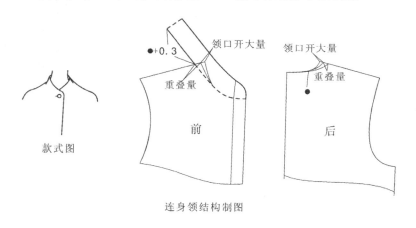

款式图　　　　前　　　　后

连身领结构制图

图 3-51 连身领结构图

绘图步骤：

（1）绘制完衣身部位的结构图；

（2）根据款式确定前后横开领宽；

（3）确定连身领的宽度，使其与款式图一致；

（4）根据款式确定后片领子的结构。

3. 交领

交领是民族服装中的常见领型，是指衣身的门襟处于交叠状态。

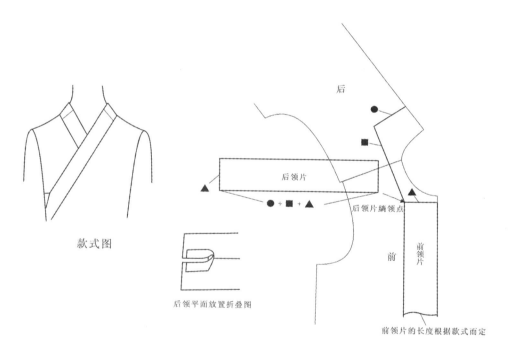

款式图

后领平面放置折叠图

交领结构制图

图3-52 交领结构图

绘图步骤：

（1）绘制完衣身部位的结构图，并沿着肩线对齐前后衣片；

（2）根据款式确定前领片宽；

（3）确定交领后领口的长度，使其与款式图一致；

（4）根据交领后领口的结构确定后片交领的长度。

4. 立领

立领是指领子与衣身领围处成直角或钝角的设计，如旗袍领。

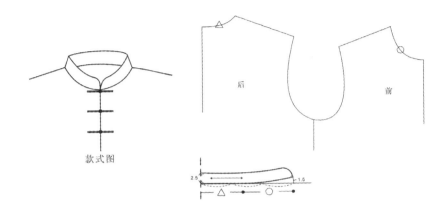

立领结构制图

图3-53 立领结构图

绘图步骤：

（1）绘制完衣身部位的结构图，并量取前后片领口弧线长；

（2）根据款式确定立领宽度；

（3）根据量取的前后片领口弧线长确定立领结构图。

5. 立翻领

立翻领又称衬衫领，是指由领座和翻领组成的领型。

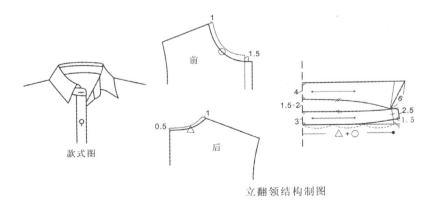

立翻领结构制图

图3-54 立翻领结构图

绘图步骤：

（1）绘制前后衣身部位的结构图；

（2）根据款式图确定前后绱领线的位置；

（3）根据前后领口弧线长画出底领结构图；

（4）按照款式图以及倒伏量的设置方法绘制出领面结构图。

6. 波形领

波形领又称波浪领，是平翻领的一种。

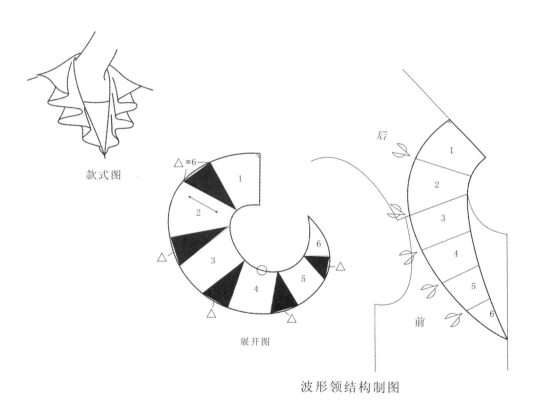

款式图

展开图

波形领结构制图

图3-55 波形领结构图

绘图步骤：

（1）绘制前后衣身部位的结构图，并按照肩线对齐前后衣片；

（2）根据款式图确定波形领领外口的位置；

（3）把波形领外轮廓结构如图分成几个部分，并剪开纸样；

（4）按照款式图中显示的波形大小确定纸样拉开的距离，最终绘制出波形领结构图。

7. 海军领

海军领是平翻领的一种，因为经常用在海军服上，因此而得名。

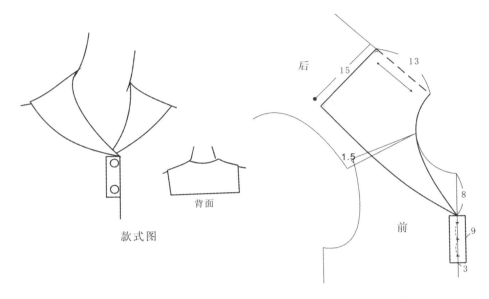

海军领结构制图

图 3-56 海军领结构图

绘图步骤：

（1）绘制前后衣身部位的结构图；

（2）重叠肩线 1.5cm 后对齐前后衣片；

（3）根据款式图确定海军领前领中心点的位置；

（4）按照款式图中显示的海军领大小确定领子纸样尺寸，最终绘制出海军领的结构图。

8. 垂领

垂领又称为荡领，是指领子部位成悬垂状态，形成波浪纹的领型设计。

绘图步骤：

（1）绘制前后衣身部位的结构图；

（2）根据款式图确定前后片垂领的位置；

（3）根据款式图判断垂领的褶数，并在领片上画出褶线位置；

（4）剪开褶线并按款式图褶量大小拉开纸样；

（5）连接领片外轮廓，最终绘制出垂领的结构图。

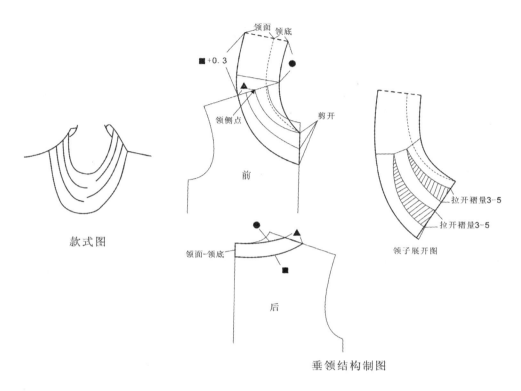

款式图

领面 领底

■ +0.3

●

▲

领侧点

剪开

前

拉开褶量3-5

拉开褶量3-5

领子展开图

●

▲

领面-领底

■

后

垂领结构制图

图 3-57 垂领结构图

第四节 少数民族女装袖子结构设计

一、袖子结构分类

袖子的结构分类，可按袖子与衣身的组合方式、袖子的造型、袖子组成片数等分成若干种基本结构。

按照袖子与衣身的组合方式，可把袖子分为连体袖（连衣袖）、装袖、插肩袖、插角袖等类别。

连体袖又称为连衣袖，是指袖子与衣身连为一体，在制板过程中，不单独制作袖子板，直接在衣身板的基础上加入袖子结构即可。这种结构的袖子合体性较差，制作工艺简单，不会打乱面料图案的完整性。

装袖又被称为圆袖，是指袖山形状为圆弧形，与袖窿缝合组装而成的衣袖，根据其袖山的结构风格及袖身的结构风格可细分为宽松、较宽松、较贴体、贴体的袖山及直身、弯身的袖身等。

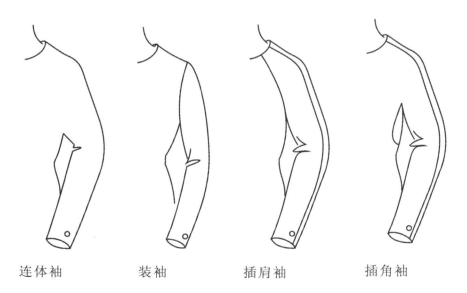

| 连体袖 | 装袖 | 插肩袖 | 插角袖 |

图3-58 袖子与衣身的不同组合方式

插肩袖是指在连体袖的基础上，按造型将衣身和衣袖重新分割、组合而成新的衣袖结构，按照造型不同，可分为插肩袖、半插肩袖、落肩袖等。

插角袖是在插肩袖的基础上，将衣身与衣袖的分割线放在腋下，使之在保证衣片完整性的同时，又满足了衣袖的合体性。

按照袖子完成后的造型，又可把袖子分为羊腿袖、泡泡袖、喇叭袖、灯笼袖、规律褶袖、蝙蝠袖等类别。

羊腿袖是指上大下小的羊腿造型的袖子结构。通常在袖山部位采用缩褶、垂褶等造型手法，并且在袖口采用收省的工艺处理，来达到特定的上大下小的结构处理。这种袖子结构对面料有一定的要求，即面料不能太软，否则塑造不出立体效果。

泡泡袖是采用缩褶等造型手法在袖山部位塑造立体造型，与羊腿袖的上部类似，但又与羊腿袖不同的是，泡泡袖只强调肩泡的造型，而对袖口的大小不作要求。一般泡泡袖的造型用在女衬衫的结构设计中。

喇叭袖是指袖山部位较合体，在袖口部位进行切展、扩张而成飘逸的喇叭状或波浪状的袖子结构，这种结构的袖子通常采用轻薄的面料制作，以达到轻柔飘逸的效果。

灯笼袖是指袖子的袖山和袖口都进行收褶处理，并且袖口处采用带衬固定，这种袖子结构因外观像灯笼造型而得名。与喇叭袖一样，这种袖子在制作过程中通常采用较轻薄的面料，以达到两端收缩，中间膨胀的效果。

规律褶袖是指在袖片结构基础上，采用普利特褶等规律褶造型工艺，使袖子在造型上更立体化，运动风格较明显。这种规律褶造型通常放在袖山和袖口之间进行处理。

蝙蝠袖是指外观上看似蝙蝠翅膀造型的袖子结构，这种袖子采用衣身肩线和袖中线在一条直线上的结构处理，增加袖肥，缩小袖口。蝙蝠袖可采用插肩袖的结构处理，也可按连体袖的结构制作。

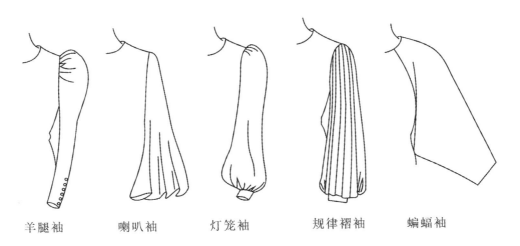

羊腿袖　　　喇叭袖　　　灯笼袖　　　规律褶袖　　　蝙蝠袖

图3-59 不同造型的袖子款式图

按照袖子的组成片数又可把袖子分为一片袖、两片袖和多片袖等类别。为了增加袖身的合体性，通常采用按手臂的走向分割袖片，分割部位在拼接的同时合并省量，以达到减少袖身与手臂之间的空间量，进而合体的目的。分割线越多，所收省量越大，袖子越合体。

二、少数民族女装袖子结构特点分析

在少数民族女装袖子的结构设计中，连体袖结构较为常见，这主要跟我国少数民族服装多采用平面裁剪有关。而为了满足合体性，一些民族服装中加入了插角结构，这样便实现了满足服装合体性的同时，增加了袖身结构的活动量。如朝鲜族女装中的插角结构，在其他民族，如侗族、彝族的一些服装中也出现了插角结构。

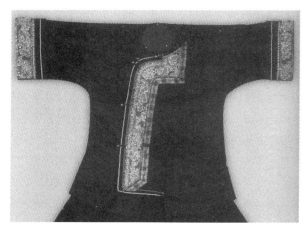

图 3-60 侗族连体袖

图 3-61 朝鲜族插角袖

　　除了连衣袖、插角袖之外，少数民族女装中还出现了其他造型的袖身结构，如俄罗斯族的泡泡袖、柯尔克孜族的喇叭袖、蒙古族的羊腿袖等造型。翻口袖在少数民族女装中也较为常见，如侗族、彝族等民族的一些服装中的翻口袖结构，其中最具特点是满族的马蹄袖结构，这种袖子因其袖口翻边似马蹄形状而得名。

图 3-62　俄罗斯泡泡袖　　　　　　　　图 3-63　彝族翻口袖

图 3-64 蒙古族羊腿袖　　　　　　　图 3-65 柯尔克孜族喇叭袖

　　少数民族女装款式多样，因此，除了上述袖子结构分类之外，还有一些其他造型的袖子结构，如哈尼族的帽檐袖等，它们都各具特色，而这种款式上的多变主要取决于该民族服装的内外层搭配、生态环境、风俗习惯等因素。

图 3-66 哈尼族的帽檐袖

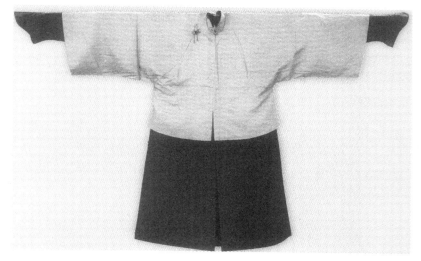

图3-67 满族马蹄袖

三、少数民族女装袖子结构设计

1. 连身袖

连身袖是指袖子与衣身连为一体的袖型设计。

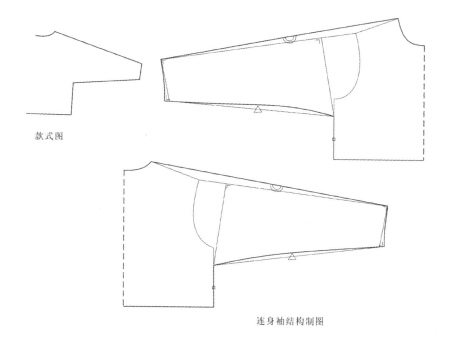

款式图

连身袖结构制图

图3-68 连身袖结构图

绘图步骤：

（1）绘制前后衣身部位的结构图；

（2）根据款式图确定连身袖的袖中心线角度大小；

（3）根据款式图确定袖肥和袖口的大小；

（4）连接袖底缝与袖口，最终绘制出连身袖的结构图。

2. 插角袖

插角袖是指在袖子与衣身的连接处设计一个小袖片，通过小袖片与袖子和衣身的结合，使袖子更能够满足运动的功能。

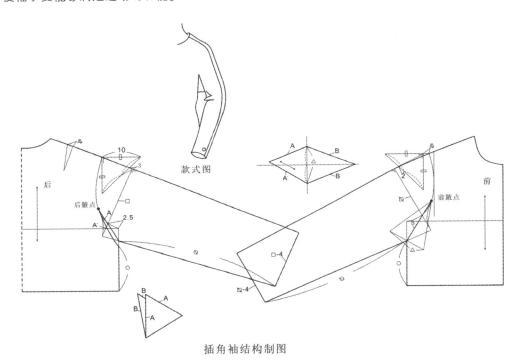

插角袖结构制图

图3-69 插角袖结构图

绘图步骤：

（1）绘制前后衣身部位的结构图；

（2）根据款式图确定插角袖袖子的角度；

（3）根据款式图确定袖肥和袖口的大小；

（4）确定插角的前后片位置；

（5）连接前后插角纸样，最终绘制出插角袖的结构图。

3. 喇叭袖

喇叭袖是指上小下大，成喇叭造型的袖型设计。

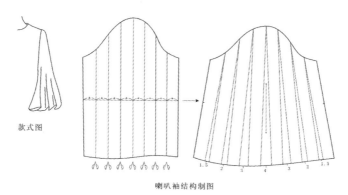

喇叭袖结构制图

图3-70 喇叭袖结构图

绘图步骤：

（1）绘制袖原型结构图；

（2）根据款式图确定喇叭袖袖口波浪数；

（3）根据款式图确定喇叭袖袖口波浪大小；

（4）按照款式图中波浪大小拉开袖原型纸样，最终绘制出喇叭袖的结构图。

4. 泡泡袖

泡泡袖是指袖山部位通过收褶的设计，使袖子呈现上大下小的造型。

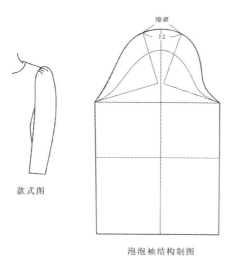

泡泡袖结构制图

图3-71 泡泡袖结构图

绘图步骤：

（1）绘制袖原型结构图；

（2）根据款式图确定泡泡袖袖山褶数；

（3）根据款式图确定泡泡袖袖山褶量；

（4）按照款式图中袖山褶量大小拉开袖原型袖山纸样，最终绘制出泡泡袖的结构图。

5. 羊腿袖

羊腿袖是指通过袖山缩褶，袖口收省，形成上大下小的结构造型。

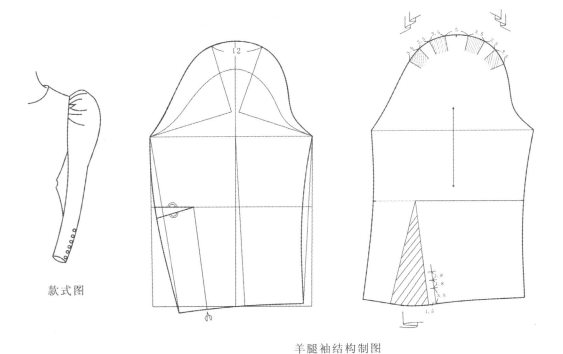

羊腿袖结构制图

图 3-72 羊腿袖结构图

绘图步骤：

（1）绘制袖原型结构图；

（2）根据款式图确定羊腿袖袖山褶数；

（3）根据款式图确定羊腿袖袖山褶量；

（4）按照款式图中袖山褶量大小拉开袖原型袖山纸样，最终绘制出羊腿袖的结构图。

款式图

6. 帽檐袖

帽檐袖是指袖长较短，在肩部形成帽檐造型的袖子。

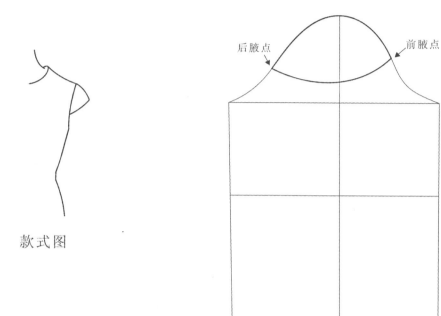

款式图

后腋点　前腋点

帽檐袖结构制图

图3-73 帽檐袖结构图

绘图步骤：

（1）绘制袖原型结构图；

（2）根据款式图确定帽檐袖袖长；

（3）根据款式图确定帽檐袖前后止点；

（4）按照款式图中帽檐袖袖长和前后止点，最终在袖原型上绘制出帽檐袖的结构图。

7. 翻口袖

翻口袖是指袖口部位成卷边状态的袖子。

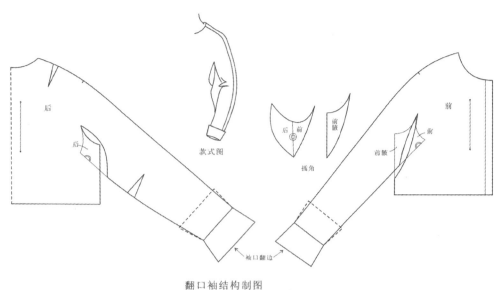

翻口袖结构制图

图3-74 翻口袖结构图

绘图步骤:

（1）绘制插角袖基础结构图;

（2）根据款式图确定袖翻口宽度;

（3）在袖口位置加出翻口宽度，并适当加放松量，最终完成翻口袖的结构图。

第五节 裙子的结构设计

一、裙子的分类

裙子的分类方式有很多种，首先从穿着部位就可分为连衣裙和半身裙，在本章中主要研究半身裙的结构设计，而半身裙可以根据廓形、长短、组成片数、褶裥形式等进行分类。

从廓形上来分，可以分为紧身裙、半紧身裙、斜裙、半圆裙、整圆裙，如图3-75所示。

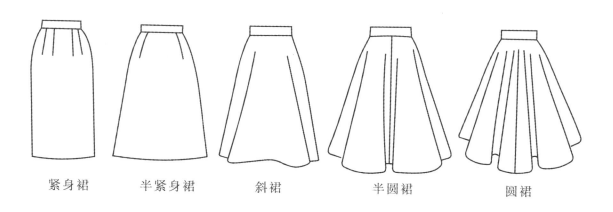

| 紧身裙 | 半紧身裙 | 斜裙 | 半圆裙 | 圆裙 |

图 3-75 裙子廓形分类

这种廓形上的分类，主要是根据裙摆的大小进行划分，而裙摆的由小及大主要是通过把腰省转移到下摆，进而通过打开纸样下摆得到较大裙摆的方式获得的。

从长短上来分，可以分为超短裙、短裙、膝长裙、中长裙、长裙、超长裙，如图3-76所示。这种长短上的分类，主要依据是裙子的长度与腿部的关系。

上述从廓形及长短方面的分类是裙子的基本结构类型，在这些基本结构的基础上，加入高腰、分割、抽褶、波浪、垂褶等造型手法，又可以形成多种变化结构的裙子类型。如图3-77所示。

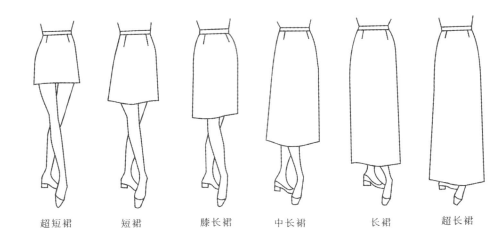

图3-76 裙长分类

图3-77 褶裙分类

二、少数民族女裙的特点分析

在我国少数民族女装中，北方民族的长衣盛饰、宽袍博带，南方民族的上衣下裳都各具特色，除去他们的群体文化特征之外，每个民族又有其个性化的一面。对于裙子这个单品来说，在裙子的长短、廓形、色彩、工艺等方面又各具特色。

1. 少数民族女装中的裙子长短各异

在少数民族女装中，不同地域、不同气候条件、不同风俗习惯等的民族都会产生不同长度的裙子，甚至同一民族所处区域不同，裙长也会不同。

海南白沙黎族，又称"本地黎"，她们所着筒裙短又窄，有四层花纹；海南乐东一带的侾黎，由于支系不同，所着筒裙较长较宽。而北方柯尔克孜族及云南傣族又以长裙见称。

图3-78 白沙黎女裙   图3-79 侾黎女裙   图3-80 水傣女裙

2. 少数民族女装中的裙子廓形多变

在裙子廓形的分类中，有紧身裙、直筒裙、A形裙、大摆裙等，这种分类的依据主要是参照裙侧缝线从臀部到裙摆线与人体之间的距离来划分。

在少数民族女裙中，从傣族的紧身裙到维吾尔族的大摆裙，造型各异，涵盖了裙子的各种基本廓形。地域、气候、风俗习惯的不同，衍生出了这些廓形的多样化，同时，裙子廓形的不同，也限制了她们活动的状态，如舞蹈的动作等。

图 3-81 瑶族直筒裙

图 3-82 鄂温克族 A 字裙

图 3-83 维吾尔族大摆裙

3. 少数民族女装中的裙子色彩斑斓

在少数民族女裙中，我们用瑰丽多姿、纯美斑斓来形容裙子色彩的丰富是毫不过分的。而色彩是服装设计的三大要素之一，是服装感官的第一印象。服装色彩的风格化主要从色彩的组合入手，通过不同色调的表现，传达出特定的色彩情怀。

我国少数民族女裙的色彩体现出不同的风格特点，给人以不同的审美感受。北方一些民族的女裙给人以简朴粗犷的印象；而南方的一些民族，以黄、红、蓝、绿、白等对比强烈的色彩，通过织布、刺绣、蜡染等工艺，制作出色彩艳丽而协调，图纹繁多而不紊乱的女裙。

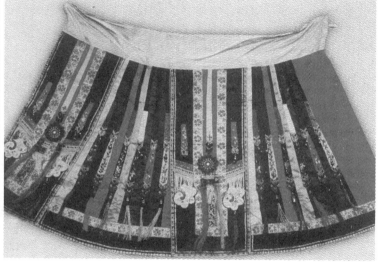

图3-85 普安式苗族彩色刺绣长裙

图3-84 俄罗斯族净色长裙

4. 少数民族女装中的裙子工艺精湛

为了使该民族的服装更具个性化，通常在服装制作过程中采用了多种制作工艺，裙子的制作当然也不例外。

在裙子的制作过程中，采用传统压褶方式做出百褶裙，利用刺绣工艺刻画民族图案，利用蜡染绘制纹饰百褶裙，利用拼布工艺，把刺绣与蜡染面料相结合产生的苗族女裙等，都体现了裙子制作过程中工艺的精湛。

图 3-86 彝族百褶裙

图 3-87 箐脚式苗族刺绣长裙

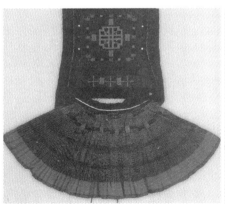

图 3-88 白裤瑶蜡染女裙

图 3-89 苗族刺绣蜡染工艺结合的女裙

三、少数民族女装中裙子的结构设计

1. 紧身超短裙

紧身超短裙是指腰臀部合体，裙摆收短收紧的款式，穿着后会使人感觉下肢较长，有拉长下肢比例的效果，如黎族的超短裙。在结构设计上，为了使腰臀部合体，只需在臀部加入人体的基本活动量即可，裙长按超短裙的长度进行设计。

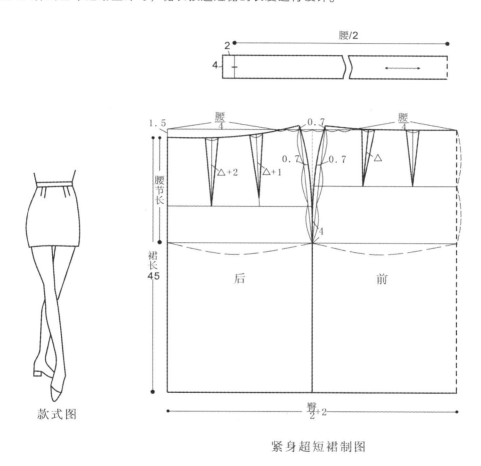

款式图

紧身超短裙制图

图3-90 紧身超短裙结构图

绘图步骤：

（1）根据测量的腰围和臀围尺寸绘制裙原型结构图；

（2）根据款式图确定裙腰省量和省数；

（3）根据款式图确定裙长；

（4）在原型上修正裙长和省量，最终绘制出紧身超短裙的结构图。

2. 直筒裙

直筒裙在腰臀部较合体，长度至（或超过）膝盖，因此，与紧身超短裙相比，在裙摆处应增加量，以满足人行走的活动量。所以，直筒裙是在紧身超短裙的基础上适当增加下摆得到。

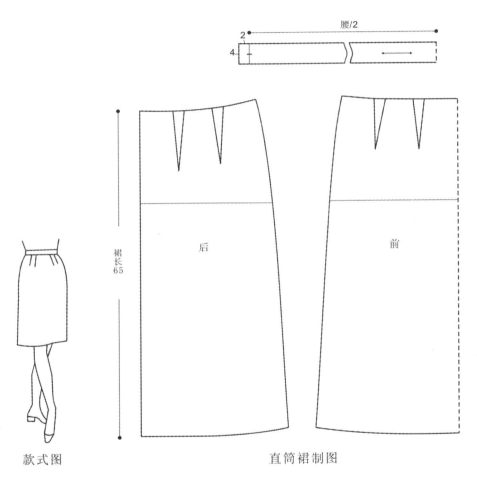

款式图　　　　　　　　　直筒裙制图

图 3-91 直筒裙结构图

绘图步骤：

（1）根据测量的腰围和臀围尺寸绘制裙原型结构图；

（2）根据款式图确定裙腰省量和省数；

（3）根据款式图确定裙长；

（4）在原型上修正裙长和省量，最终绘制出直筒裙的结构图。

3. 前片交叠长紧身裙

为了满足人体行走时的正常活动范围，当紧身裙加长至小腿或脚踝时，必须加入开衩，或设计成具有开衩功能的交叠式裙片，如佤族的交叠长裙。

图3-92 佤族交叠长紧身裙

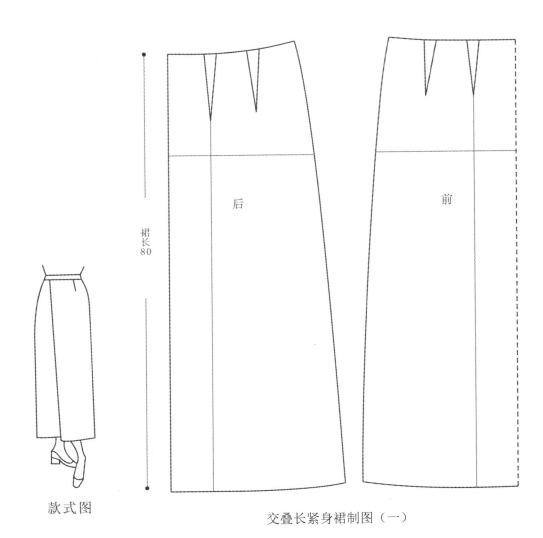

裙长80

后　　　前

款式图

交叠长紧身裙制图（一）

图3-93 交叠长紧身裙结构图（一）

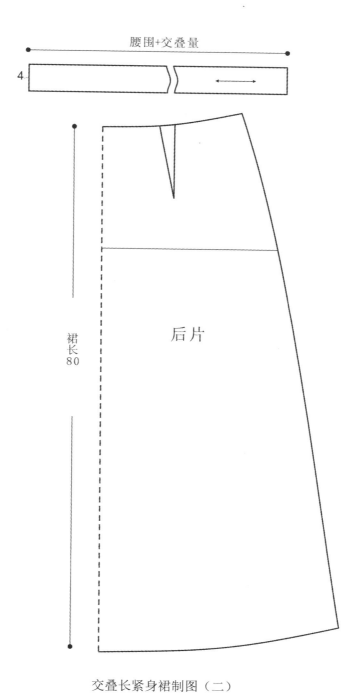

交叠长紧身裙制图（二）

图 3-94 交叠长紧身裙结构图（二）

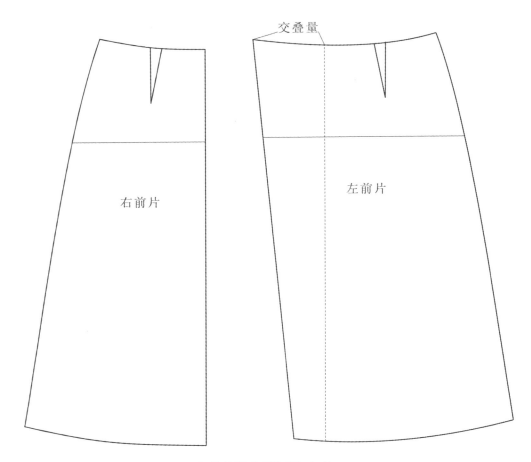

交叠长紧身裙制图（三）

图 3-95 交叠长紧身裙结构图（三）

绘图步骤：

（1）根据测量的腰围和臀围以及裙长尺寸绘制裙原型结构图；

（2）根据款式图确定裙后片连裁纸样；

（3）根据款式图确定裙前片交叠量；

（4）在裙原型上修正裙前片交叠量，最终绘制出交叠长紧身裙的结构图。

4. A 字裙

　　A 字裙是指外观造型像字母 A 字的裙子，即上小下大的造型，这种造型的裙子给人一种活泼的感觉，如侗族、鄂温克族的女裙。A 字裙是在紧身裙的基础上，合并一个省道，打开裙摆而得到。

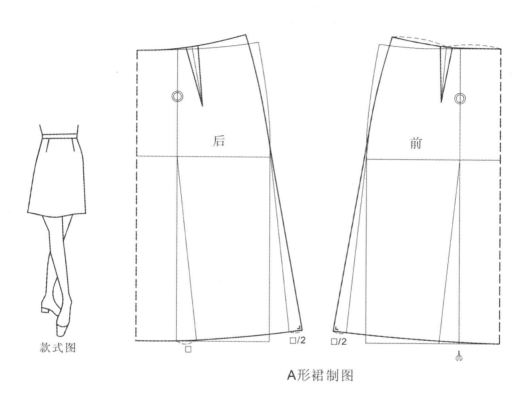

款式图　　　　　A 形裙制图

图 3-96 A 形裙结构图

绘图步骤：

（1）根据测量的腰围和臀围以及裙长尺寸绘制裙原型结构图；

（2）根据款式图确定裙腰省量和省数；

（3）根据款式图确定裙下摆展开量；

（4）在裙原型上修正裙腰省量和裙下摆展开量，最终绘制出 A 字裙的结构图。

5. 斜裙

斜裙是在 A 字裙的基础上，裙摆进一步加大，而腰臀部合体的造型。这种款式的裙长一般在膝围线左右，如仡佬族的女裙。斜裙结构的制图如下：

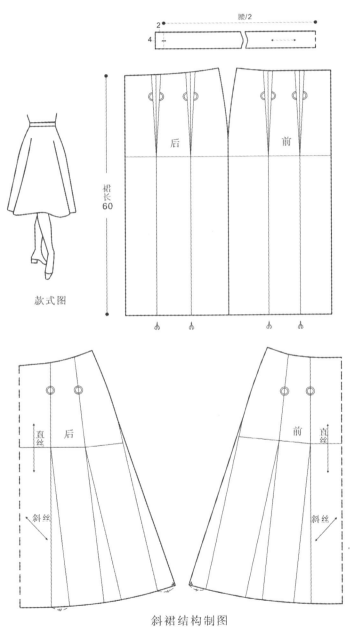

款式图

斜裙结构制图

图 3-97 斜裙结构图

绘图步骤：

（1）根据测量的腰围和臀围以及裙长尺寸绘制裙原型结构图；

（2）根据款式图确定裙腰省量转移数；

（3）根据款式图确定裙下摆展开量；

（4）在裙原型上转移裙腰省量，加放裙下摆展开量，最终绘制出斜裙的结构图。

6. 圆裙

圆裙是指裙子的裙摆拉开能够形成半圆或整圆造型，这种裙子又被称为大波浪裙，是从腰围线开始向下摆直线放大的造型，舞动起来有轻盈柔美的感觉，如维吾尔族的大摆裙。圆裙的结构制图如下：

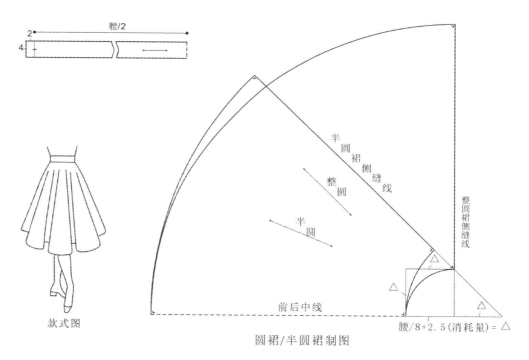

图 3-98 圆裙 / 半圆裙结构图

绘图步骤：

（1）根据测量的腰围和臀围以及裙长尺寸绘制扇形结构图；

（2）根据款式图确定裙片分割数；

（3）根据款式图按照整圆与半圆的区别截取扇形结构图大小；

（4）绘制裙腰头纸样，最终绘制出圆裙和半圆裙结构图。

7. 规律褶裙

规律褶裙是指裙子的裙身部分形成规律的压褶造型，这种裙子又被称为普利特褶裙，是从腰围线开始向下摆形成规律的压褶造型，舞动起来有种律动感，如民族服装中的百褶裙。规律褶裙的结构制图如下：

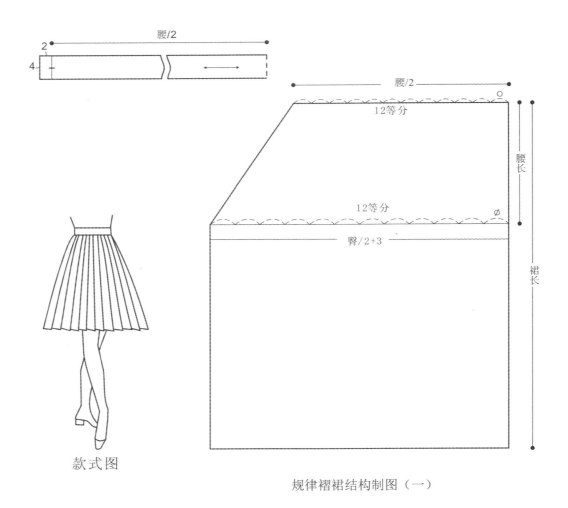

款式图

规律褶裙结构制图（一）

图3-99 规律褶裙结构图（一）

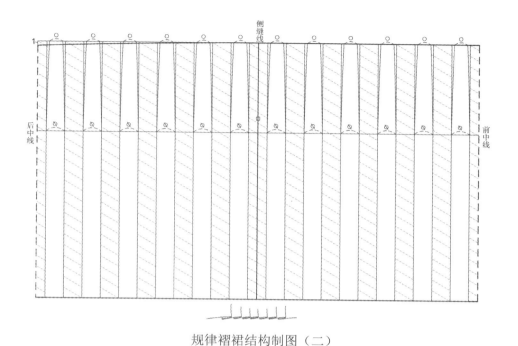

规律褶裙结构制图（二）

图3-100 规律褶裙结构图（二）

绘图步骤：

（1）根据测量的腰围和臀围以及裙长尺寸绘制裙基础型；

（2）根据款式图确定裙片褶数；

（3）按照款式图中裙片褶数分配臀腰差量；

（4）按照款式要求设置褶量，绘制裙腰头纸样，最终绘制出规律褶裙结构图。

8. 塔裙

塔裙是指裙子的裙身部分通过分层设计形成塔状造型，因此被叫作塔裙。塔裙通过分层设计形成层次感，如维吾尔族的塔裙设计。塔裙的结构制图如下：

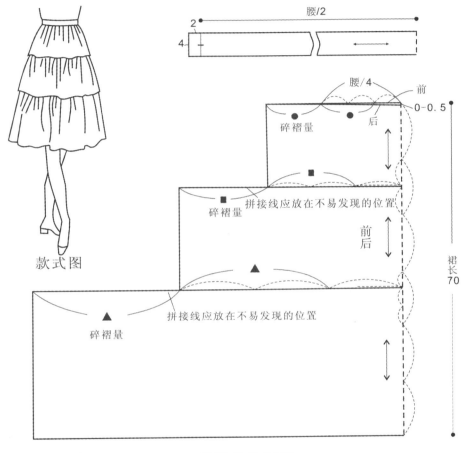

塔裙结构制图

图 3-101 塔裙结构图

绘图步骤：

（1）根据测量的腰围臀围以及裙长尺寸绘制裙基础型；

（2）根据款式图确定裙片分割数；

（3）按照款式图中裙片分割数分配每层裙片的差量；

（4）绘制裙腰头纸样，最终绘制出塔裙结构图。

9. 拼接裙

拼接裙是指裙子的裙身部分通过采用横向分割线产生分割造型，通过分割线上下部分松量的不同产生造型的变化。拼接裙的结构制图如下：

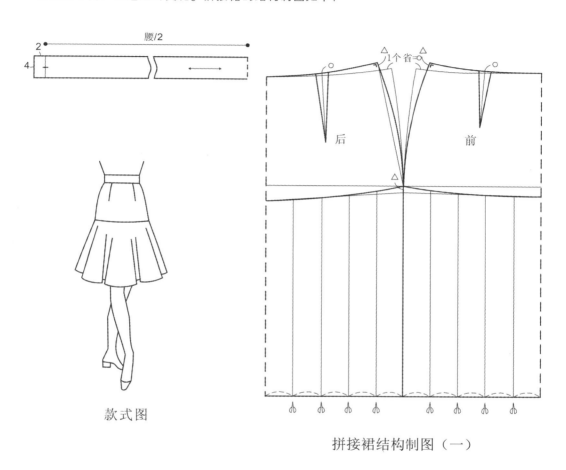

款式图

拼接裙结构制图（一）

图3-102 拼接裙结构图（一）

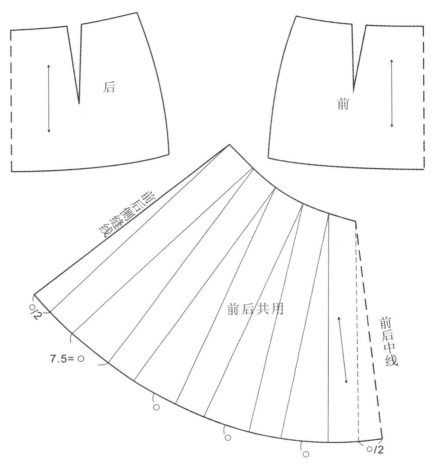

拼接裙结构制图（二）

图 3-103 拼接裙结构图（二）

绘图步骤：

（1）根据测量的腰围和臀围以及裙长尺寸绘制裙基础型；

（2）根据款式图确定裙片分割位置；

（3）按照款式图中裙片下摆量扩展裙基础型下摆；

（4）绘制裙腰头纸样，最终绘制出拼接裙结构图。

第四章

少数民族女装手工艺

第一节 少数民族女装
手工艺的特点分析

一、少数民族刺绣工艺

刺绣作为一种特殊的装饰工艺，有着自己独特的艺术特点，并随着历史的更替，社会的发展，也在不断地丰富和创新。刺绣是一种在绸缎、布帛和现代化纤织物等材料上，用丝、绒、棉等各种彩色线，凭借一根小细钢针的上下穿刺运动，构成各种优美图案、花纹和文字的工艺。最早起源于古埃及，后来在世界各地都得到发展。在我国已有四千多年的历史，早在禹舜之时已有刺绣，唐朝以前绣品多为实用及装饰之用。宋朝时书画被带入刺绣，由于朝廷提倡和鼓励刺绣，因此促进了宋代刺绣工艺的发展。到了明清时期，民间刺绣工艺得到了进一步发展，形成了非常著名的"四大名绣"。有苏州的苏绣、湖南的湘绣、广东的粤绣和四川的蜀绣。此外，刺绣工艺分布地域广泛，还有京绣、瓯绣、鲁绣、闽绣、汴绣等。少数民族聚居地区独具特色的刺绣品种也很多，既有刺绣工艺欣赏品，又有日常生活刺绣用品。服装中常用的刺绣工艺有彩绣、贴布绣、串珠绣、雕绣、缎带绣等。

图 4-1 色彩丰富的彩绣

图4-2 贴布绣作品

　　彩绣是最具代表性的一种刺绣工艺，泛指以各种彩色绣线绣制花纹图案的刺绣技艺，具有绣面平服、针法丰富、线迹精细、色彩鲜明等特点，该工艺在服装饰品中多有应用。

　　彩绣的色彩变化也十分丰富，它以线代笔，通过多种彩色绣线的重叠、并置、交错产生华而不俗的色彩效果。尤其以套针针法来表现图案色彩的细微变化最有特色，色彩深浅融汇，具有国画的渲染效果，如图4-1所示。

　　贴布绣也称补花绣，是一种将其他布料剪贴绣缝在服饰上的刺绣形式。中国苏绣中的贴絮绣也属这一类。其绣法是将贴花布按图案要求剪好，贴在绣面上，也可在贴花布与绣面之间衬垫棉花等物，使图案隆起而有立体感，贴好后，再用各种针法锁边。贴布绣绣法简单，

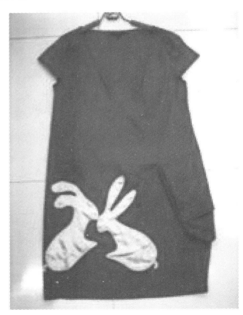

图案以块面为主，风格别致大方，如图 4-2、图 4-3 所示。

　　雕绣是抽纱工种的一种，又称楼空绣，是一种有一定难度、效果十分别致的绣法。它的最大特点是在绣制过程中，按花纹需要修剪出孔洞，并在剪出的孔洞里以不同的方法绣出多种图案组合，使绣面上既有洒脱大方的实底花，又有玲珑美观的镂空花，虚实相衬，富有情趣，绣品高雅、精致。

图 4-4 缎带绣作品

串珠绣是将各种珠子和亮片用线穿起来后钉在衣物上的技法。该工艺易表现出华贵和富丽的效果，是礼服与舞台装常用的装饰手法。缎带绣是用细而柔软的丝带刺绣，把丝带折叠或收褶、抽碎褶固定的刺绣工艺，丝带美丽柔和的光泽，刺绣后富有阴影，又由于重叠方法，产生的立体感，能表现出其他刺绣不能达到的效果，是时尚女装常用的装饰手法。

以上这些，只是刺绣大家族的一小部分，对于庞大的刺绣家族还需作认真深入全面的研究。

（一）苗族刺绣工艺

苗绣的种类繁多，技法丰富。主要有平绣、锁绣、辫绣、堆绣、叠绣、贴绣、锡绣、打籽绣、钉线绣、破线绣、板绣、挑花等多种类型。其中最具特色的当数绉绣、堆绣和破线绣，这些刺绣工艺使绣品的色彩、质感更加丰富，表现出强烈的艺术感染力。苗绣的主要材料是用绒线和真丝（如金线银丝、真丝、绢丝、各类鸟禽羽），自制的面料全是手工打造而成的，其质地厚实耐磨。

刺绣工艺是苗族源远流长的手工艺术，是苗族服饰主要的装饰手段，是苗族女性文化的代表。中国西南部的贵州省居住着大量的苗族同胞，他们创造了不同样式、风格的服饰。他们的服饰有便装与盛装之分，平日着便装，节日或姑娘出嫁时着盛装，无论服装还是头饰，工艺复杂，做工精细。苗族刺绣的题材选择虽然丰富，但较为固定，有龙、鸟、鱼、铜鼓、

图 4-5 雷山地区绉绣作品

图 4-6 贵州凯里辫绣作品

花卉、蝴蝶,还有反映苗族历史的画面。下面就苗绣的工艺特点、用色特点等进行具体的分析。

1. 苗绣工艺特点

苗族刺绣十分美丽,技法有 12 类,即平绣、挑花、堆绣、锁绣、贴布绣、打籽绣、破线绣、钉线绣、绉绣、辫绣、缠绣、马尾绣、锡绣、蚕片绣。这些技法中又分若干的针法,如锁绣

图4-7 贵州台江破线绣作品

就有双针锁和单针锁，破线绣有破粗线和破细线。在这些
技法当中，以平绣、挑花绣、钉线绣、贴布绣和堆花绣为主。

平绣在苗族刺绣工艺中广泛运用。所谓平绣即指在布
坯上描绘或贴好纸膜后，以平针走线构图的一种方法。其
特点是单针单线，针脚排列均匀，纹路平整光滑。苗族平
绣往往与剪纸结合在一起。挑花绣是苗族刺绣工艺中使用
最为广泛的一种技法，特点是依据绣布的经纬线入针，其
构图完全依据绣布宽窄在大脑中拟好的纹样。钉线绣是苗
族刺绣中运用较多的技法之一，其方法是先将一根棉线、
麻线或丝线、马尾鬃用丝线包裹起来，然后将之钉在布上
构成图纹或作补边完成构图。贴布绣在苗族中运用地区较
多，它是一种以色布剪成花样，然后用线钉于绣布或服饰
上形成装饰花纹的技法。

图4-8 贵州丹寨蚕片绣作品

2. 苗绣纹样特点

苗族刺绣围腰，以白色为底色，上面绣满有蝴蝶、蜈蚣龙，造型飞舞张扬。绣品以蜈蚣龙为主纹样，下面三层另有蝴蝶、小蜈蚣龙等，为苗族绣品的传统典型纹样。

苗族刺绣有一种极常见的人骑龙或骑水牯纹样，体现了苗族人民英勇无畏的气概和生活情趣。苗族民间艺术中的骑龙、驯龙、双龙的各种图案，再现了人们对龙敬而不畏的心理。相较于汉族文化里象征着尊贵、威严的龙而言，苗族地区的龙是随处可见的、可以与各种动植物"嫁接"的符号。

图 4-9 苗族刺绣中的蝴蝶纹

在苗族刺绣中还有一种常见的图纹，
即鱼纹。鱼，多子，在苗族艺术造型中往
往是一种生殖观念的表达，象征着妇女们
求孕多子的祈愿。古老的苗族传说中，蝴
蝶是创造了人类祖先的神灵，在清水江流
域，当地苗族称蝴蝶为"妹榜留"，意为"蝴
蝶妈妈"。苗族崇拜的偶像里，飞鸟也有
一个广阔的天地，在施洞地区，脊宇鸟被
作为创生人类的参与者而被供奉为神鸟。

图 4-11 苗族刺绣中的龙纹

3. 苗绣用色特点

苗族刺绣种类很多，从色彩上分，大
体上可分为单色绣和彩色绣两种。单色绣
以青线为主，刺绣手法比较单一，其作品
典雅凝重，朴素大方；彩色绣用七彩丝线
绣成，刺绣手法比较复杂，或平绣或盘绣
或挑绣，多以自然界中的花鸟虫鱼或龙凤
麒麟为题材，刺绣成品色彩斑斓，栩栩如
生，是民族工艺品中的精品。

苗族刺绣另一特色是借助色彩的运
用、图案的搭配，达到视觉上的多维空间。
挑花也称数纱绣，是苗族特有的技艺，不
事先取样，利用布的经纬线挑绣，反挑正
取，形成各种几何纹样。挑花就是借助色
彩和不规则几何纹样的搭配，形成多视角
的图案，从而达到"侧看成岭近成峰"的

图 4-10 苗族刺绣中的鸟纹

图 4-12 雷山短裙苗裙下摆的挑花

图 4-13 单色绣

图 4-14 彩色绣

立体与平面统一的视觉效果。

4. 苗绣工艺的整体造型特点

苗族刺绣的纹样主要由拟化纹样和几何纹样构成，造型上是一种自然生态和抽象几何模式的结合表现，并赋予了纹样特殊的含蕴和宗教寓意，充满着浓郁的幻想情调和浪漫色彩。苗绣服装上的纹样，基本上不是对自然物的如实描绘，而更多赋予事物象征性的表现，也可以说是一种概括的曲线几何纹的寓意变体，这些纹样具有表达民族迁徙、生命崇拜、

图4-15 苗绣中的变体纹样

宗教信仰、神话传说的意蕴，再现民族生息繁衍历史的功能，以其独特的实用功能和审美功能区别于其他族群，构成苗族服饰纹样的造型特点。

5. 苗绣的审美特征

苗族刺绣的图形纹饰，在艺术表现上趋于一种奇思异想的风格，在它面前，人们的生命激情被一种深刻古朴的华丽色彩唤起，在洋溢节奏的装饰图形中，纹样被精美的创造和刻画，浓厚稠密、浑然一体，尤以蝴蝶纹为代表的各种装饰纹样，更是色彩缤纷，缭乱眩目，把向往丰盛富饶的生命期盼和审美情感表达得淋漓尽致……那真是一种貌似烦琐的大度宣示，一种让人们感受整体统一的审美呼唤。她们既是表达生命的艺术语言，又成为民族文化传播的彩色符号。

总的看来，苗族刺绣所展现的审美特征是通过色彩的古朴艳丽感、造型的自由浪漫感、工艺的静穆庄重感来体现对生命价值的期盼，赋予服装族群的精神凝聚力。

（二）彝族刺绣工艺

彝族女子擅长刺绣，五彩斑斓的纹饰显示着精深的刺绣技艺。那银光闪闪，绣花簇簇的满襟大围腰，绣满鲜艳花朵、别致精巧的花鞋，做工精美的头帕、飘带等，都显示着彝族女子的心灵手巧。每个彝族姑娘都有一个绣制精巧的针线包，用以放花线、花边及各种绣制图案。田间小憩或其他闲余时间，她们便习惯飞针走线，绣出一幅幅精美图案。在彝族群众中有"不长树的山不算山，不会绣花的女子不算彝家女"之说，来赞美她们的心灵手巧。在彝族居住地区，彝族妇女都穿着精美的花衣裳。彝族妇女的服装多为宽边大袖的左衽衣服，在衣服的胸襟、背肩、袖口或整件衣服上用红色、金色、紫色、绿色等颜色的丝线挑绣各种花纹图案，在衣领上还镶嵌有银泡。此外，彝族妇女还喜欢在头巾、衣襟、坎肩、衣裳的下摆、围腰、腰带、裤脚、裙边等处绣上各式色彩鲜艳、寓意深刻的花纹图案作为别出心裁的装饰，充分展示了彝族妇女挑花绣朵的技能、聪明才智和对生活的爱。彝族妇女的服饰从头到脚都有各式各样的绣花，每一朵花都是一件精美的工艺品，都值得作为民族刺绣标本去研究它，去保存它。

（三）蒙古族刺绣工艺

据罗布桑却丹所著《蒙古风俗鉴》等有关文献记载，在元朝以前，古代蒙古人在生活中就很注重刺绣艺术，并且应用范围很广。

蒙古族的祖先结合自己民族特点和地区特点，创造了适合自己民族需要的衣冠靴帽和器皿家具。早在战国时期，赵武灵王就主张"胡服骑射"，模仿北方游牧民族进行服装改革。它不仅受到本民族的喜爱，也影响到兄弟民族，与此同时北方民族也向中原地区学习了刺绣艺术。《蒙古风俗鉴》中谈到了自周、唐以来汉族的织锦缎就已经传入了蒙古地区。作为服装的织锦衣料，其织锦的锦纹如瑰丽的云彩，富有装饰性的图案，其各种花草、鸟兽、

图 4-16 彝族刺绣（一）

图 4-17 彝族刺绣（二）

图4-18 元代蒙古族服饰

虫鱼、瓜果、云纹、龙凤以及丰富绚丽的色彩等对蒙古族的先民，北方各族的刺绣都产生了很大的影响。

　　元朝以前流行一种姑姑冠帽，十分有趣。从元朝的这种姑姑冠帽及服装的纹饰等，也可以看到当时的刺绣艺术的一般情况。在内蒙古四子王旗王墓梁元代汪古部王公贵族陵园的发掘中，出土过一种用树皮围合而成的长皮筒，筒壁上接连处用彩色丝缝合，外面包裹着色泽艳丽、花纹精美的各种花绸，上面连着各种各样的饰珠等物。

　　明清时由于统治阶级的提倡，喇嘛教盛行于蒙古地区，妇女中刺绣水平较高者，花费很多时间刺绣佛像，优秀者送入西藏，献给达赖喇嘛，或送召庙中作"唐嘎"挂起来。这种劳动锻炼了妇女们的刺绣技巧，从中我们也可以看出其刺绣的一般水平。清朝时蒙古族王公经常来往于北京，满族的服饰、各种刺绣作品在蒙古族中也广为流行，当时北京荷包作坊生产的褡裢和一些精致的织绣作品，如扇袋、各种荷包等不断地传入蒙古地区，清朝皇帝也不断以绣花荷包等物赏给蒙古王公，这对丰富蒙古族的刺绣起到良好作用。

图4-19 蒙古族冠帽

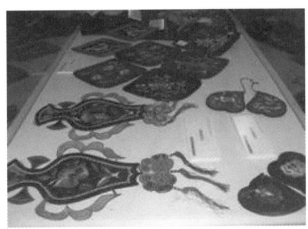

图 4-20 蒙古族绣花荷包　　　　　　　图 4-21 正在学习刺绣的蒙古族妇女

今天在内蒙古地区，刺绣工艺被大量地应用到传统的蒙古族服饰上，这不仅丰富了蒙古族服饰的图案，而且在提高自身服饰文化的同时还应用到其他方面，使得这种刺绣工艺流传得更加广泛。蒙古族刺绣针法很多，常见的有齐针法、接针法、打籽绣、退晕法等。

1. 齐针法

用齐针法绣制的饰品线条排列均匀，整齐。具体的绣制方法为：沿纹样的外缘起针落针，线条有序排列，一针紧跟一针，不能重叠，不能露底，均匀齐整，故为齐针。

2. 散套法

散套法即线条长短不一，参差排列，起针落针相嵌前行，线条有重叠之处，皮皮相选。其刺绣步骤为：第一皮出边，靠外刺绣整齐，内部参差不齐，挂针紧密地一针挨着一针。第二皮的"套"，要求线条长短相等，但不要求排列整齐，挂针是一针与一针之间有一针长短的间隔距离，挂针稀疏，一般第二皮与第一皮的线条选取不同的颜色，突出色彩的丰富。第三皮线条与第二皮颜色保持一致，但要嵌入第二皮线条之间压在第一皮线条之上。最后一皮挂针紧密，边缘绣齐，整体感觉就是外缘整齐划一，内部线条参差活跃，能够生动地再现花鸟的姿态。施针法的特点是以稀针起绣，逐层加密，刺绣线条自然排列，不拘一格，线条间可镶嵌其他颜色的线条，适合于绣飞禽走兽。

3. 接针法

接针法即用短针一针衔接一针连续进行，首尾相接连成条形。"打籽绣"的绣法为：一手将线抽出一定的长度一手把针拉住压在底布上，把针在线上绕一圈，将绕好的线圈按在绣底上，针尖在接近线根处侧刺下，将针拉下，布面即呈现一粒粒，重复刺绣，组成绣面。因为每绣一针见一粒，所以称为打籽绣。妇女们常用这种方法绣鸟的眼睛、花蕊等，效果良好。

4. 退晕法

退晕法即用齐针分批前后衔接而成，由外向内由内向外进行均可，只要顺序进行，再利用同种色减弱的色相丝线，依次刺绣，色相逐渐变弱，绣出的图案就可很好地表现出"退晕"效果。

蒙古族妇女娴熟地运用这些刺绣针法，把各种题材的花纹图案，随心所欲地刺绣在服饰上，大大增强了蒙古族服饰的艺术效果和魅力。

（四）乌孜别克族刺绣工艺

乌孜别克族是一个具有手工刺绣天赋的民族。他们使用的刺绣材质分为金线、银线、塑料小珠和鳞片，配上6~9种彩线；刺绣工艺又分为刺绣和钩绣；色彩纹饰的特点多为盛开的花朵，极富变化的藤蔓，以及表示相爱的心形图案为主，如图4-22。

乌孜别克族妇女使用各种金丝线绣的花帽和一些装饰用品，都是精美的工艺作品。如"托斯花帽"，绣有白色"巴旦木"纹样，呈白花黑底，古朴大方。"塔什干花帽"色彩对比强烈，其特点火红闪耀，如盛开的花丛。

（五）侗族刺绣工艺

侗族民间刺绣工艺主要用于妇女上衣、胸襟、领襟、围裙、男头巾、绑腿、小孩的口水围、鞋帽、背带、枪药袋等花边图案装饰。侗族民间刺绣有各种不同的绣法，大致可分为绣花、

图4-22 乌孜别克族刺绣

图4-23 乌孜别克族绣花布片

图 4-24 侗族刺绣作品（一）　　　　　　　图 4-25 侗族刺绣作品（二）

挑花、贴花和绣挑、绣贴结合等几种。刺绣针法有铺线绣、结子绣、错针绣、环锁绣、盘涤绣、打籽绣、花针绣、破纱绣、辫针绣等。在具体绣一件绣品时往往是几种针法配合使用。彩线颜色为红、绿、蓝、紫、黄、白等，彩素结合，冷暖相宜，尤其在刺绣品上用金丝银线滚边、点缀许多小圆形亮片，更显得花团锦簇，灿烂夺目。常见有几何纹、十字纹、龙凤纹、花草纹、牛马纹、树木纹、鸟兽纹、虫鱼纹、干栏纹、谷穗纹、云雾山泉纹，中间夹以花朵、蜂蝶、鸟兽等。黎平尚重、定八、榕江晚寨、保里一带的刺绣侗衣精美绝伦，最有特色。

挑花是侗族服饰工艺的重要门类。侗族妇女不仅擅长在服饰上刺绣、挑花，在鞋垫上挑花亦是运用自如。针法上主要是单线挑法，有的挑线显示主体花，有的则是底布显出主花，更有挑线，底布同时显出花纹，横看竖看都是花，妙趣横生。有的还绣上龙、凤图形及现代装饰图案，从而使内容大大地扩充，增加鞋垫的艺术情趣。姑娘们也常常把它作为珍贵的礼物送给自己的情人或客人，每一双都可作为一件绝妙的艺术品来鉴赏。

二、少数民族扎染工艺

扎染是我国一种传统的手工印染工艺，它起源于何时，目前尚无定论，不过据推测，这种印染工艺在"夹缬"之前，因为早期扎染工艺较为简便，仅用针线工具即可，又因我国丝织品产生较早，印染工艺也很发达，扎染和丝织面料的结合可谓珠联璧合。

经过数百年的工艺演变，扎染工艺的防染手段已有几十种，染色也从单色演变成复色的多次浸染，扎染纹样具有从中心向四周呈辐射状的工艺效果，扎染纹样的生动与丝绸面料的飘逸和谐成趣，使这种古老的工艺至今仍有很大的魅力。

大理白族扎染工艺当之无愧地可以作为尽窥中国绞缬技艺及其传统的代表，在白族，扎染称之为疙瘩花布、疙瘩布、扎花布、蓝花布、疙瘩染，是生于民间传于民间的一种传统织物染布工艺品种，扎染布的制作方法是从板蓝根中提取蓝靛作为染料，放入木制染缸，在浸染前，先在白布上印上花纹图案，然后用针线将"花"的部分重叠或褶皱缝扎让花扎

图 4-26 扎染作品（一）

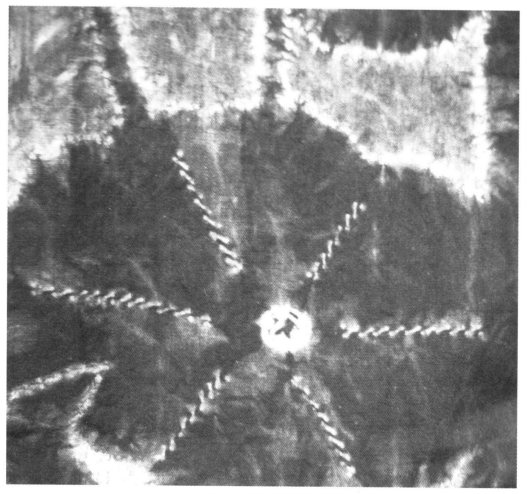

图 4-27 扎染作品（二）

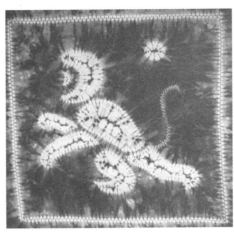

图4-28 扎染作品（三）

或结的部分在浸泡染缸时，因其扎得紧或松的程度的不同而出现空白和受色深浅不一的效果。大理白族扎染以纯棉布、丝绵绸、麻纱、金丝绒、灯芯绒等为面料，目前除保留传统的土靛染蓝底白花品种外，又开发出彩色扎染的新品种。产品有匹色布、桌巾、门帘、服装、民族包、帽子、手巾、围巾、枕巾、床单等上百个品种。

云南周城扎染是中国的传统扎染，与蜡染和蓝印花布工艺并称"国粹三染"。传统扎染在云南大理至今保持得比较纯粹，它在本白色土布上摹绘画稿，用针线缝制：如手工平缝、折缝、柳

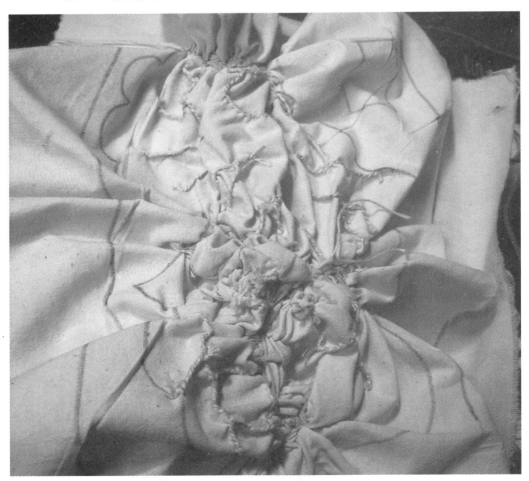

图4-29 扎染工艺过程（一）

图4-30 扎染工艺过程（二）

缝等技艺，是以线条为主得造型技法；点粒扎花：是一目、四卷、关东绞等特殊扎法积点成线、疏密成面的图形构成；在花型处点色或留白，用一种耐高温PVC薄膜将花型部位包扎起来达到防染目的。

　　传统扎染以统一的靛蓝色调、独特的防染技艺在粗服素布上释情抒怀，表现题材多从历史继承、民间采风中搜集而来，装饰图案设计常以乡村民间喜闻乐见的人物、动植物图形及远古图腾变形入画，广泛应用于旅游工艺品及民族服饰产品的设计开发，形成了具有中国民族特色的工艺品系。

三、少数民族蜡染工艺

　　蜡染是中国古老的印染技艺之一，古称"腊缬""点蜡幔"。蜡染在中国中南、西南民族地区流传的历史久远。据推断，最迟在秦汉时期，西南地区的少数民族就已经能够熟练地掌握了用蜡防染的技术，并利用蜂蜡和虫蜡作为防染的原料，用蜡把花纹点绘在麻、丝、棉、毛等织物上，然后放入染料缸中浸染，有蜡的地方染不上颜色，除去蜡即呈现出美丽的花纹，蜡染图案以写实为基础。艺术语言质朴、天真、粗犷而有力，特别是它的造型不受自然形象细节的约束，进行了大胆的变化和夸张，这种变化和夸张出自天真的想象，

图 4-31 苗族妇女制作蜡染（一）

含有无穷的魅力。图案纹样十分丰富，有几何形，也有自然形象，一般都来自于生活或优美的传说故事，具有浓郁的民族色彩。

蜡染图案丰富，色调素雅，风格独特，用于制作服装服饰和各种生活实用品，显得朴实大方、清新悦目，富有民族特色。

蜡染是古老的艺术，而且随着时间的流逝蜡染的演变也比较明显。我国古代发现的蜡染文物很多，如新疆的田屋于来克古城遗址出土的北朝蓝色蜡缬毛织物，蓝色蜡缬棉织品；新疆吐鲁番阿斯塔那北区墓葬出土的西凉蓝色缬绢和唐代的几种蜡缬绢、蜡缬纱；敦煌莫高窟 130 窟第一层壁画下发现的唐代废置的大量蜡缬残幡。这批遗存的蜡染实物中，北朝的和西凉的蜡缬织品都是深蓝色地现白花，图案单纯，光洁清晰，古朴典雅；唐代的蜡缬绢和蜡缬纱的地子倾向多样化，有棕色、绛色、黄色、赭色等色彩，也有暗绿和其他色彩的多彩色。大部分是白色花纹，图案比较复杂，古朴典雅。而当中原蜡染逐渐被织锦、刺绣等工艺取代时，在西南、中南的苗、瑶、布依、仫佬等民族中，蜡染却依然世代相传，完好地保存下来。20 世纪 60 年代以来，在西南的四川、贵州发现了许多的蜡缬遗物，从战国时期一直延续到明代。60 年代初，四川省的博物馆在川东峡江地区发现散落的文物中有粗细不等的平纹麻织品七八种，其中就有蜡缬细衣服残片，图案纹样为蜡印团花和菱形花纹。

蜡染作为少数民族服饰的一种装饰手段，它本身有很强的美感，但它的作用除了实用以外，更是一种文化载体。少数民族传统蜡染里面还有一个重要的现象，就是图腾崇拜非常的明显、非常的强烈，解释了苗族的物种起源观。它认为天神也是一个祖宗。所以有时候我们在它的图案上，能够看到一些蜈蚣、大蛇，要是用汉族的观点不能理解为什么有毒的东西张扬地放到服装上，出现在很重要的场合。实际上它认为万物同源，不仅仅是图腾崇拜。除了图腾崇拜以外，更深一层的还有它的传统哲学理念和原始哲学理念。

图 4-32 苗族妇女制作蜡染（二）

　　苗族蜡染图案在造型创意和表现手法上充分展示了苗族写意与写实两方面的技巧与才能。从纹饰题材上看，苗族蜡染图案源于对自然环境的写实和历史文化的写意；从纹饰归类上看，苗族蜡染图案主要分为两类：写实的自然纹样和写意的几何纹样。在自然纹样中，动物的纹有牛、龙、鱼、虎、狮、象、鹿、狗、兔、鸡、鼠、凤、雉、山雀、猫头鹰、青蛙、蝙蝠、蝴蝶、蜜蜂、龟、虾等；植物纹样有菊花、荷花、石榴、葫芦、向日葵、鸡冠花、蕨菜花、辣椒花以及山里无名的花卉植物。这些题材是她们十分熟悉的自然界，但在造型上又都做了大胆的变化和夸张的艺术处理，不受自然形象细节的约束。这种变化和夸张犹如出自孩童般天真的幻想，蕴涵无穷的魅力。这些动人的图案，既准确地掌握了物象的特征，又体现了相当高的艺术概括能力，如果说想象力是一个艺术家最可贵的才能的话，那苗族女子无疑是极富于艺术才能的了。

　　蜡染制作方法，是将白布平铺于案上，置蜡于小锅中，加温溶解为汁，用蜡刀蘸蜡汁绘于布上。一般不打样，只凭构思绘画，也不用直尺和圆规，所画的中行线、直线和方圆图形，折叠起来能吻合不差；所绘花鸟虫鱼，惟妙惟肖，栩栩如生。绘成后，投入染缸渍染，染好后捞出用清水煮沸，蜡熔化后即现出白色花纹。

　　绘制蜡染的织品一般都是用民间自织的白色土布，但也有采用机织白布、绵绸、府绸的。防染剂主要是黄蜡（即蜂蜡），有时也掺和白蜡使用。蜂蜡是蜜蜂腹部蜡腺的分泌物，它不溶于水，但加温后可以融化，这一特点使它作为蜡染的防腐剂。所用的染料是贵州生产的蓝靛。贵州盛产蓝草，为一种蓼科植物，茎高二三尺，7月开花，8月收割。把蓝草叶放在坑里发酵便成为蓝靛。贵州乡村市集上都有以蓝靛为染料的染坊，但也有把蓝靛买回家自己用染缸浸染的。

　　绘制蜡花的工具不是毛笔，而是一种自制的钢刀。因为用毛笔蘸蜡容易冷却凝固，而

图4-33 苗族蜡染制品（一）

钢制的画刀便于保温。这种钢刀是用两片或多片形状相同的薄铜片组成，一端缚在木柄上。刀口微开而中间略空，以易于蘸蓄蜂蜡。根据绘画各种线条的需要，有不同规格的铜刀，一般有半圆形、三角形、斧形等。

（一）苗族蜡染技术

苗族蜡染技术的特点主要体现在纹样、染色等方面。

1. 纹样特点

无论从造型还是构图上，苗族蜡染都体现了苗家妇女以饱满为美、以齐全为美的审美观念。从造型上看，苗族传统蜡染图案中的几何纹、动物纹、植物纹所表现的对象都符合形式完美的原则。从构图上看，苗族妇女把每一块画面当成独立的空间，将各种动物纹样、植物纹样、几何纹样巧妙地组合在一起，形成各种复合型、型中型造型，采用对称构图、

图4-34 苗族蜡染制品（二）

心中式构图、分割式构图、散落式构图等构图形式，将图案布满画面而不会特意留白，使观者产生有回味的图式感，让观者自己发挥想象力。画面和谐统一，生动活泼，充满想象力。而在印染面料中也都会运用这一特点，将布料的花色印得饱和、丰富。

蜡染艺术是在不断探索中发展起来的，蜡染的灵魂是"冰纹"，一切创意都是围绕着冰纹效果而展开的，不管是手工蜡染还是机械蜡染，单色蜡染还是多色蜡染，图案的最终目的都是突出表现龟冰纹的艺术特色，图案的创意是运用材料和技法，实现作者的创作意图。好的蜡染作品来自于良好的构思和与技法运用的结合，技法本身无好坏优劣的区分，只要能够充分表达艺术构思、体现自身的艺术风格，一切手段都是好方法。

2. 染色特点

蜡染的染色方法比较简单，用植物靛蓝染色，主要用浸泡的方法浸染30分钟至数小时后，将布捞出染缸数分钟观察其变化，若逐渐变为浅蓝色，即说明正常。而作为印花技术的一种真蜡仿画布则是要根据产品的特征，在生产工艺上要经过多次染色及印花才能达到理想效果。每次花样的主花多数采用靛蓝染料染色来构成花型，也有用不溶性氮染料或低温型活性染料染成的黑棕、红棕、深莲及秋香等几种色谱。为了获得精细活泼的蜡纹，采用染色工艺构成主花，必须以特殊配置的蜡质作防染剂，通过一定的方法，在布面上构成花型，然后染色，由于工艺复杂，故技术要求比较高。

多色蜡染是一种用两种色彩以上的颜色制作的作品，是近现代蜡染艺术家经过反复实验所取得的艺术新效果。多色蜡染突破了传统蜡染冷染工艺和天然染料色彩单调的局限，利用各种染料的特点性能和涂蜡防染技术开发出新的蜡染作品，使低温染料、高温染料、酸性染料、活性染料、还原染料、直接染料（包括天然染料）等，都能在多色蜡染工艺上得到充分的运用。多色蜡染方法使传统的蜡染工艺又有了新的发展，艺术语言更加宽阔，表现力更加丰富。

3. 其他工艺方面的特点

在蜡染家用纺织品中，有真蜡染和仿蜡染两种生产方式。真蜡染的材料是采用天然的蜡质，采用传统手工蜡染或机械涂蜡染色方式生产。手工蜡染自由灵活，图案多为单独型和复合型的形式，常以均齐对称或均衡的单独纹样的设计方法，运用图案造型中点、线、面相结合的美学原理，塑造形象和构成纹样。手工蜡染图案题材多样，技法表现要粗细结合、主次分明，追求图案对比统一的整体效果，适合做壁挂、台布、靠垫、腰枕等室内装饰物品。

机械蜡染的肌理模仿也有两种方法，一种是将食用蜡纸进行揉、搓、捏等处理后，使其表面出现好多皱裂，当主题花样完成后将蜡纸覆于画面之上，将所需的色彩刷于蜡纸上，蜡纸下的画面便会渗漏出自然理想的冰纹了。另一种方式是利用电脑技术仿制蜡痕，可以用数码相机获取蜡染的原始形态，进行模仿复制，将其原始自然状态进行恢复，运用电脑强大的绘图功能进行复制、粘贴、移动、并接，使单独形态的纹样，变成四方连续纹样。

图 4-35 苗族蜡染制品（三）

另外，苗族妇女在长期的染色实践中，在彩色植物染料方面积累了丰富的经验，发现了很多可以用做染料的植物。红色染料有椿树皮、茜草以及苗语称"途情"的野生植物；黄色的染料有栀子、槐花等；绿色的染料有绿条刺；黑色的染料有野山柳、野杜鹃、板栗壳和皂矾、五倍子等；灰色的染料有烟籽、油麻秆、稻草，如图 4-36 所示。

图 4-36 彩色植物染料染过的苗族服装

图 4-37 别具民族风格的原始蜡染纹样

苗族蜡染纹样中还有很多动植物或人的组合体现了互变的思想，虽然有些纹样略有些幼稚，但构图完整、淳朴、风格奔放、流畅、活泼，别具民族风格，如图 4-37 所示。在贵州大多数市、县都有蜡染流传，并各有特色，呈逐渐扩大的发展趋势。

苗族蜡染纹样一般在苗族服饰中用于制作头巾、围腰、衣服、裙子、绑腿、背包、被面、床单等日常生活用品。

（二）水族蜡染工艺

水族最早的蜡染制作，一是将厚一点的纸板刻成多种空心图案的刻板，之后在纸板上涂上桐油使之防水耐用。印染图案时将模板放在白布上并且刷上黄蜡或豆浆，待晾干后放到蓝靛缸中泡几次，经过这样反反复复多次的洗净、晒干又洗净，最后退蜡或者把豆浆刮去，就出现美丽的蓝底白花款样，这是第一种。还有另外一种方法是，先用白布缝制或捆扎成若干种花纹，后放到蓝靛缸中反复进行浸染、晒干洗净，然后把密封的线

图 4-38 苗族服饰蜡染的运用

拆去，就出现各种各样的蓝底白花。前一种图案美观大方，色彩素净、淡雅，浸印的内容较丰富，是人们喜闻乐见的染织品。后一种图案纹样表现较含蓄，写实中常带有一定的抽象性。蜡染色调与水族青年男女、小孩穿着的蓝色上衣裤子基本上相似，所以深深地得到水族人们的普遍欢迎和喜爱，而且代代相传。

在水族民间蜡染图案中，纹样不仅能将一个物体的几个特征同时表现出来，还能从多角度观察到几组物体的特征综合表现。此外，浪漫主义的创作方法在水族蜡染图案中也是常常用来表现主题的一种手段，它通过对生活情节加以虚构，表现手法单纯朴实，具有丰富的想象力，在原始中见浑厚、在朴拙中显粗犷。

四、特殊服饰加工工艺

我国少数民族服饰品种繁多，琳琅满目，而民族服饰都是通过很多种不同的工艺手段来实现的，除了上述常用的工艺之外，平时见到的比较多的这些特殊的少数民族服饰加工工艺有：

1. 面料细褶打叠

寻甸县六哨乡彝族已婚女子长裙的下摆都经过紧凑的细褶处理。这些细褶只起到装饰作用而无实用功能。

2. 皱纹肌理造型

皱纹肌理是指织物表面有不规则柳叶状褶皱。织物的褶皱是由一个或一个以上的因素产生的，如压力、热量及湿度。通过这些因素便可以得到所要求的褶皱，织物内在的回弹

图 4-39 皱纹肌理造型

力也能影响皱纹的产生。织物表面的褶皱肌理与前面所提及的面料细皱打叠并不完全相同，其外观特征的最大区别在于皱纹肌理的随意性与细皱打叠的刻板。在云南少数民族面料整理加工品类的皱纹肌理并不多见。梁河县小厂乡黑脑子村阿昌族妇女的发冠即是以稀薄的棉布窄条经过皱纹肌理加工后，再辅以衬圈缠绕而成的，如图4-39所示。

3. 手针网状编结

手针网状编结的手法并非独创，它是索针针法的一种变异。新平县腰街镇南缄村的傣族妇女在童帽的缀饰装饰物上巧妙应用了这种手针网状编结工艺。

以上是几种对于少数民族服饰特殊工艺例举。如果从美的角度看，朝鲜族、傣族、满族的妇女上衣都该一提；而从工艺的角度看，又当是花腰彝的"花口绳塔"和高山族的贝珠衣。朝鲜族妇女的斜襟短上衣称为"则羔利"，色彩多为白、粉红、天蓝、浅绿等，多为丝绸制成，形态短窄，无扣，有长布带在右肩下方打蝴蝶结。傣族少女上衣圆领窄袖，紧身露腰，色彩多为白、嫩黄、水红等。满族妇女的旗袍虽为"长袍"类上衣，但并非一般的"宽袍大袖"，其造型与妇女的体态相吻合，尤其能勾勒出凸起的胸乳、纤细的腰身和丰满的臀部，线条优美，因而已普及至满族以外的妇女。原来的旗袍下摆不开衩，衣袖八寸至一尺，衣边绣有彩纹。经过不断改进，现在的旗袍为直领右开大襟，紧腰身，长至膝下，两侧开衩，并有长短袖之分。可见，朝鲜族、傣族女上衣和满族旗袍显然都以形制胜。花腰彝是居住在云南石屏的龙武、哨冲一带的彝族支系，"花口绳塔"是花腰彝姑娘最漂亮的服装。"花口绳塔"的基本材料是纸花、纸蝴蝶、多种图案、多种颜色的布、丝线、银器等。姑娘们用灵巧的手，一针一线地绣成裁片，然后又一块一条地拼起来，成为一件完整的上衣，绣上飞舞的蝴蝶和鲜艳的花朵，再配上银器作扣子和装饰。高山族的贝珠衣是用贝壳雕琢成圆形的珠粒，中间穿孔，用麻线串起来按横线排列在衣服上而制成的。一件贝珠上衣大约需要五六万颗贝珠，工艺复杂，费时费力，因此十分宝贵。从贝珠衣的造型来看，泰雅人的贝珠衣多为白色，横向排列整齐，给人一种纯洁、整齐而又华美之感。而台湾人的贝珠衣则以澄、黄、绿为常见的色彩，近年来又有向黑、红、白色发展的倾向。不用说，花腰彝的"花口绳塔"和高山族的贝珠衣制作工艺要求十分严格，花费的材料和劳力不少，其名贵也就可想而知。

第二节 少数民族女装
手工艺在服装设计中的应用

一、国内外服装设计师民族服饰手工艺的应用

（一）刺绣工艺在现代服装设计中的应用

刺绣，一种古老传统的装饰手法，因其造型、色彩、图案、材质上的美吸引着众多的设计师将其以不同的作用性和表现形式运用到现代服装的不同部位，使传统与时尚结合，给现代的服装注入新的活力，也给现代文化增添了新的亮点。

1.刺绣在服装中的应用范围

（1）全局性

刺绣以全局性的形态表现在服装中，就是整件衣服表面用刺绣布满，通常设计师是为了表现刺绣纹样造型色彩的精美、华丽和工艺的精湛、高超，或是表达某种特殊的情感

图4-40 Matthew Williamson 米白色缀花卉刺绣连身裙

图4-41 仙鹤刺绣半截裙

来纪念什么人，什么事。Matthew Williamson 米白色缀花卉刺绣连身裙中长度的 One-lenghtTop 加 Leggings 穿着，最能突出衣饰上的图案及民族衣着的秀丽，如图 4-40 所示。

（2）辅助性

辅助性就是为主题起到一个陪衬的作用，使主题更能表现其独特的方面，打个比方：美丽的花朵只有在绿叶的衬托下，才会显得更加的美丽娇美。所以在服装设计中也一样，服装就是主题，刺绣就好比是绿叶，使服装更能表现本身的风格特点。

2. 刺绣在服装中的表现形态

（1）刺绣在服装中的平面性

刺绣被广泛地运用于现代的服装中，并且还通常以一种平面的状态出现在服装中，这在很多的刺绣服装中都是极其常见的也是惯用的方法，包括在我国众多的少数民族的服饰中也基本都呈现这种平面性。平面化的刺绣往往在内容上寻求以弥补其在空间感上的不足，刺绣也是一样。这种平面性的刺绣会在图案、色彩、材质上找寻变化，在服装中的表现是图案纹样优美、色彩漂亮，或与服装色彩和谐，材质上多样，用金属线或是马尾线等作为装饰，达到很强的装饰效果。

（2）刺绣在服装中的立体性

刺绣的立体效果，表现在服装中就是使得原本平面化的服装本身出现了明显的肌理感，使服装更加的有层次感。具有代表性的有贴补绣、串珠绣、叠片绣和凸绣等，其本身的立体感再加上材质上的变化，往往会给一件普通的衣服增色不少，提高服装自身的价值。在现代的服装中，婚纱、礼服中运用得比较多，凸显其华丽高雅富丽堂皇，受到很多女性朋友的喜爱。在成衣服装的设计中，近几年，用于服装上的装饰材料多用粒珠、管珠、金属亮片，还利用扣饰、贝壳，革制工艺等进行装饰，使串珠这种现代刺绣工艺得到发展，不仅实用性增强，便于洗涤，而且串珠绣工艺原料不再受限制，原料丰富，钉缀手法增多，使女装设计的装饰手法越来越丰富。

3. 刺绣在服装中的装饰部位

在服装这个领域里，刺绣在其中发挥了很重要的作用。前面作者分别从刺绣的造型、色彩、图案和材质上对刺绣进行了详细的分析，对刺绣的美有了一些了解，但是对于这些做工精致、造型优美、色彩漂亮的刺绣，我们又怎样能够很合理恰当地把它运用到我们的现代服装中呢？我们知道一般刺绣会用于服饰的头巾、衣领、袖口、腰带（腰部）、下摆、背部等一些部位起装饰作用，所以通常我们会根据刺绣的自身特点来进行归位。例如，传统的刺绣从空间上呈现的是一种平面的状态，从内容上图案、造型、色彩就会很出众，往往我们会运用于服装的衣领、腰带以及下摆，这样弥补了空间上的欠缺，但同样起到很强的装饰效果。再如一些现代的工艺串珠绣利用化学材料、玻璃料制品、金属工艺制品等材质，制成长、短、方、圆、棱、粒等各种不同形状。根据服装的主题、设计出优美的图案，通过巧妙地排列组合钉缀在服装上，借助材质本身不同的形状和闪亮的光泽颜色来体现装饰效果。因串珠绣表现技法丰富多变，可运用不同的材质和不同的造型饰物进行平绣、凸绣、串绣、粒绣、乱针绣、竖珠绣、叠片绣等多种针法，再与其他刺绣技法相互结合运用，可呈现出珠光灿烂，绚丽多彩，立体感强，层次清晰的效果。在婚纱、礼服设计中运用串珠绣工艺进行装点修饰，一般会运用于婚纱、礼服的胸前、裙摆等部位，从空间上给人一种造型美，突出女性曲线。材质上因运用了大量的闪光的材料玻璃、金属制品等，使服装产生高贵典雅，富丽堂皇的视觉效果。

图4-42 苗族刺绣在现代服装中的运用

4. 苗族刺绣工艺的运用

苗族服饰的挑花、刺绣及手工印染等多种装饰工艺和装饰手段，被广泛地应用到现代服装设计中去。在2004年，贵州苗族服饰在新加坡和法国成功举办了苗族服饰展览会，其宽松的服装样式，强烈而醒目的色彩配置、复杂多样的银饰等，都引起设计师的极大兴趣。

世界上许多著名的服装设计大师是运用民族传统文化作为设计语言而著称于世的，很多设计师就是以推出具有民族特色的服装风格而走向世界的。民族服饰美和民族文化影响着世界服饰的特色，中国许多文化艺术受到了西方设计师的青睐，传统的图案纹样、工艺手法常被设计大师采用。在2001年、2002年巴黎时装周上，在为迪奥(Doir)品牌设计之中，约翰·加里亚诺曾将刺绣反复运用。圣·洛朗等欧洲设计师也曾创作过不少题为"中国风"的时装，其中不乏采用苗族服饰刺绣工艺技法的案例。

在现代服装设计中，苗绣工艺的运用主要分为两个方面：

一种是传承传统的改良组合式设计。这种设计运用是将苗族服饰元素或继承，或复制，或拼接组合地运用在现代设计中，经过这样的设计，无论用的是什么方法，其共同特征总是能从其中找出浓郁的苗族服饰气息，体会到强烈的东方韵味，可以清晰直观地找到苗绣元素。像国内的中式服装品牌红草莞尔、五色风马等。这种运用方法比较普遍，所以称之为苗绣元素的一般应用。

另一种为创意设计。在这一类的设计作品中，很难找出具体的苗绣工艺元素，也不能直接地感受到苗族的风情。这一类的设计作品只是单纯地把苗绣元素作为灵感出发点，通过找寻与苗族刺绣元素相关的创意点，通过运用不同的表现材质和审美趣味进行再创造，从而创作出与苗族风格迥异而具有某种联系的服装样式，设计师通过发散性思维，运用后现代主义反叛、荒谬的设计理念来进行现代服装的设计，主要体现的是一种文化内涵。不论是哪一种设计运用，其设计灵感的来源是一样的，下面将具体论述苗绣的设计运用方法。

（1）以苗绣图案为灵感来源的设计

以苗绣图案为灵感来源的设计，一般是提取图案中可用的图案元素，在提取可用元素的基础上对图案进行创意处理。运用图形创意、材料替换、材料拼贴等设计手法来进行设计。

苗族图案毕竟代表了古代苗族人们的审美需求，复杂的图案更能表达她们的情感，现

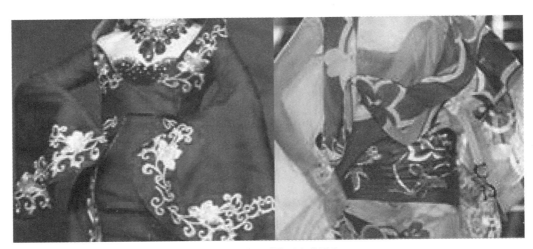

图4-43 民族纹样与流行的融合

图4-44 冷色系的运用图   图4-45 暖色系的运用

代社会人们趋向于简约美的流行风潮，设计师可以从民族纹样中提炼升华，创作出符合现代人审美需求的民族纹样并运用到时装设计中，这其实是一种古典与流行的融合，如图4-35所示。

（2）以苗绣色彩感为灵感来源的设计

以苗绣色彩感为灵感来源的设计，主要是从苗绣纹样和布料的色彩搭配方面进行创意设计。苗族服装给人的第一感觉是浓郁古朴、色彩艳丽，其既有对比又有统一的特点。可以说她的色彩都来源于大自然，天然的染料、面料，在现代工业产物冲击着人们眼球的同时，如果多一些更加亲自然、回归自然的服装，人类的生活会更舒适。在图4-44的设计中，设计师运用自然的冷色调，又结合面料本身的光感亮丽的效果，充满洒脱飘逸的灵气。在图4-45的设计中，设计师借鉴了盛装喜庆绚丽的色彩特点，进行了创意设计。高级灰调子的红色系列既不妖艳也不俗气，高雅中加以烦琐的碎花装饰，大量的褶皱面料起到过渡衔接的作用，整体效果协调统一，具有浓厚的民族味道。

（3）以苗绣造型感为灵感来源的设计

以苗绣造型感为灵感来源的设计，主要是从模仿图案的造型入手，通过适当的夸张比例和搭配手法来进行。从苗绣纹样中，不同事物的同时出现给我们带来一种冲击力极强的

图4-46 鸟纹图案的运用图   图4-47 鸟纹造型的运用

效果，这与后现代主义的风格相同，就是将不同感觉的元素混在一起，碰撞出新的艺术效果。图 4-46 所示的是约翰·加里阿诺 2007 年春夏的时装设计，虽然无从考证是否灵感来源于苗族的百鸟衣，但是其纹样造型与苗族百鸟衣"百鸟朝凤"的故事典型相似，将百鸟纹样在服装前身进行量的堆积，特别在肩部，将平面纹样做出了立体的夸张造型，同时结合东方感觉的直线平面裁剪来表达视觉平衡。在图 4-47 的设计中，拟生态的设计与百鸟衣的风格一致，只不过前者运用了立体裁剪的手法，这也是创作手法的创新和人们审美能力提高的极致表现。

5. 蒙古族刺绣工艺的运用

蒙古族刺绣工艺常用的几种表现方法有：

（1）夸张的方法

为了加强装饰效果，常用夸张的手法。如绣双驼或牛羊往往抓住其主要特征加以夸张，而对其四肢用省略的方法进行处理，采用卷草纹美化装饰，对其主要部分和引起美感的主要方面进行夸张，使人看了骆驼和牛羊的形象更突出，不失其主要特征，给人以更强的美感。

（2）对比的方法

在刺绣的过程中，还经常使用对比的手法，如大与小、多与少、方与圆、曲与直、疏与密、虚与实、粗与细等，花与花对比突出其主花，叶与叶之间突出其主叶。蒙古族刺绣中很喜欢对比应用，红花绿叶，采用退晕法起到了减弱色相、纯度的作用，形成逐渐过渡的效果，

图 4-48 精美的蒙古族服饰

这样处理显得对比强烈而不刺激。

（3）概括的方法

在设计一件刺绣品时对大自然的各种花草、蝴蝶、鸟兽等都要进行详细的观察，然后用很简练的手法画出来，这就需要取舍概括，取舍概括不是把物象简单化，而是在透彻地理解规律的基础上，按照美的感受提炼升华。使人看了不是像大自然花卉那样繁杂，而把那些繁杂的花卉加以规整化，把美丽多姿的蝴蝶经常用交叉图案或盘肠的变形图案美化，取其外形，刺绣出十分美丽的蝴蝶。

（4）添加的方法

添加的方法就是在绣花中常用的花中套花，叶中套花的手法，常见到的许多鸟形和马形荷包内又用各种花卉添加美化。

以上这几种方法是蒙古族刺绣工艺常用的方法，蒙古族刺绣工艺经过长期的发展还会有很多的表现方法，这也需要我们不断地研究。在应用到服装设计上时，需要设计师精准把握，因为毕竟刺绣本身是一个亮点，应用得好会提高整个设计的水平。

（二）褶皱工艺在现代服装设计中的应用

在张肇达的作品里，我们能感受到纯朴与流行热闹地编织为一体，融合了传统与时尚，2006 年的时装发布会上，服饰演绎着壮丽的朝圣之旅和宗教神话，代表了中华文化特色的设计之旅。大量出现的墨绿、金红、天蓝、金黄、暗紫等西藏特有的色彩在褶皱中变换多样，经幡样式的围巾和宽大的布满梵文的腰封，表露出浓郁的民族风情。张肇达独特的设计语言和技法就是运用线去做服装的理念表达，自成经纬的立体褶皱，完全打破了服装的整体概念。他的服饰演绎着中国文化的包容性与独有创新，突出了全新创意。

（三）扎染工艺在现代服装设计中的应用

1. 朦胧写意风格

(1) 吊染工艺

吊染作为一种特殊防染技法的扎染工艺，可以使面料、服装产生由浅渐深或由深至浅的柔和、渐进、和谐的视觉效果。简洁、优雅、淡然的审美意趣，让人体味到一缕中国传统浅绛山水画的墨韵余香。近两年来，吊染工艺随着 PARADA、FENDI 等意大利著名品牌和时装设计大师在高级时装中的运用和发布，使这种朦胧渐变的特殊防染技法成为现代成衣和家纺设计中的一种不可或缺的"艺术染整"语言，如图 4-49 所示。

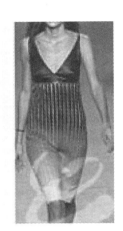

图4-49 朦胧渐变的吊染工艺

（2）段染工艺

段染工艺是一种运用辅助材料和"段形"扎法防染，形成单色、多色、自由组合并有着边缘特殊肌理"残缺美"的现代扎染艺术，充满了原始、手工、随意、浪漫的乡村风情。段染工艺图形抽象、朴实、丰富，技法柔性多变，工艺设定也可以根据国际买手对图形风格的选择，与其他工艺语言进行创意、互补和整合，衍生出无数种新的方案，极具艺术表现力。近两年来，段染工艺随着PARADA、FENDI等意大利时装设计大师和世界著名品牌在高级时装中的运用，于全球范围迅速传播，很快便在休闲工艺时装、面料、家纺和工艺美术品后整理中流行，引领着世界时尚潮流，如图4-50所示。

2. 写实风格

绞缬浸染，是将预先设定的图案形态描红，再以传统扎染技艺的缝、绞、包、夹等"绞缬"手法"扎花"，形成的物理性防染功能使服装、面料、家纺和工艺美术品通过浸染产生出精致、写实的图形（织物被缝扎、绞、包等手法处理的部位因染料无法渗入而形成"底色"图形的方法）。如图4-51所示，服装图案和艺术壁挂，运用"鱼子缬""鹿胎绞"等经典扎染工艺将传统花草、水纹等图案表现得栩栩如生，远看似线描写真一般流畅、自然，

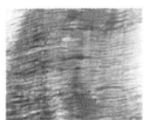

图4-50 轻松随意自在的乡村风格

近观却有着更为细微、精致的"手工感"和耐人寻味的高技艺含量。这种精致、写实的"绞缬"工艺被广泛地应用在高档工艺时装、日本和服、真丝面料、高档家纺和工艺品中，形成了产品"大同小异、件件不同"的个性化特色，直追中国传统"工笔画"缜密写实之风。

图4-51 精致主义表现的写实风格

3. 街头艺术的后现代风格

随着大众传媒、通俗艺术和街头艺术的影响，现代扎染图形创意接受了这种后现代风格的影响，形成了"自然性""生活化""休闲风"等街头风格的流行。在世界著名设计大师三宅一生及其品牌的影响和推动下，这种具有"实验意义"的全新扎染语言，迅速流行于日本、美国和欧洲地区，成为21世纪现代休闲工艺服饰设计创意的新亮点，如图4-52所示。

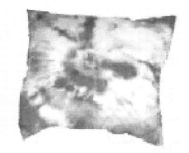

图4-52 街头艺术的后现代风格

运用高温高压定型原理和物理防染工艺，在新型服装面料上运用这种"软雕塑"艺术语言（堆砌、折叠、喷、刷、刮、磨、高温、高压、定型）作为"艺术染整"的深加工手段，并可以根据市场导向研究开发出一批极具后现代风格图案的时装、面料和工艺美术品。并且可以将平面扎染形式与面料三维记忆成型技术，融合而成三维肌理创造、三维与二维平面图形交叉的混搭风格，使其极具前卫时尚的流行特征。后现代风格的现代扎染综合工艺与时俱进，引起了国内外时尚业和学术界的关注，并成为欧美新锐设计师进行视觉创意的重要设计语言。目前，这种艺术染整深加工展现出的视觉差别化审美风格，横跨人文、科技、民艺、市场、流行等众多学科，具有前瞻性和开放性特征，使我国纺织服装产业具有国际竞争优势和充满活力。

（四）蜡染工艺在现代服装设计中的应用

为了秉承"追逐流行趋势，引领时尚潮流"的宗旨，中央电视台和中国流行色协会强强联合，结合国际最新的时尚信息，联合发布了符合国内服装流行特点的"2006CCTV中国服装流行趋势"。为实现"从秀场到卖场"的渗透与传播，引领时尚消费潮流，中央电视台邀请了国内著名且具有权威性的服装设计师王新元先生和张肇达先生担纲首席设计师，分别为2006年的"浪漫"主题、"经典"主题设计制作展示服装。王新元的豪迈、大气，张肇达的精致、优雅，像风一样结合得天衣无缝，他们的默契、互补与心灵相通，令人赞叹不已！中国元素水墨丹青、云贵的刺绣、蜡染面料等，如图4-53所示，在这一主题中也得到了广泛运用。

近年来，服装设计上"中国风"几度盛行，世界对中国的传统文化和装饰风格产生了浓厚的兴趣。蜡染在国际服装大师的设计中被予以了新的含义。蜡染碎花纹样与海军条纹的大胆结合，相同面料不同色彩的穿插，非天然面料的运用突破等，使得蜡染服装突破传统显得更加的时尚另

图4-53 国内设计师王新元、张肇达的蜡染设计服装

图 4-54 国外设计师的蜡染运用

图 4-55 Kenzo 蜡染设计作品

类，如图 4-54 所示。

　　高田贤三（KENZO）是一位日本籍的法国时装设计师，他的时装不是那种标新立异的拔高，它有一点点传统，有许多热情的颜色，有活生生的图案，还有几分狂野。几乎每一款都能找到实际穿着的场合，其吸引力之强使你绝不厌倦。KENZO 的图案往往取自大自然，他喜欢猫、鸟、蝴蝶、鱼等美丽的小生物，尤其倾心于花，包括大自然的花、中国的唐装与日本和服的传统花样等，他使用上千种染色及组合方式，包括祖传手制印花蜡染等方法来表达花，从而使他的面料总是呈现新鲜快乐的面貌，如图 4-55 所示。

　　另外，爪哇的蜡染在世界上也是相当有名。这主要得益于爪哇良好的自然条件和先进的蜡染工具。蜡壶和漏嘴的广泛使用使得爪哇蜡染繁复细密，精美绝伦，形成了自己独特的细密风格。爪哇彩色蜡染工艺广泛地用于新生婴儿服装、婚礼和宗教典礼的服装，如图 4-56 所示。还有台布、靠垫、提包、服装、壁挂和蜡染花布等新品种。由于伊斯兰教信条的影响，15 世纪在蜡染上不能采用人物、动物图案，1970 年以来，取而代之的是花卉和复杂的几何图案。

　　相对于国内设计师来说，国外设计师的设计更大胆一些，他们不受蜡染纹样的禁忌与

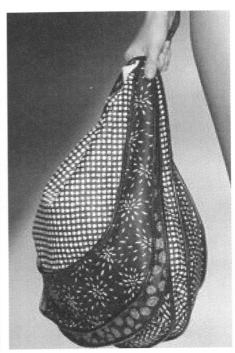

图4-56 爪哇蜡染服装

传统文化的束缚，设计大胆创意。在面料上也摒弃传统的棉麻，采用各种质感的面料，如图4-57，或亮泽度极高或手感很粗糙。这也是较中国的设计师而言，国外设计师所具有的更加得天独厚的优势。就当代设计艺术来讲，强调参与，这种形象的变化体现在形象的扭曲、解体、重叠、错位等方面，它消解了以往人们所熟悉的固定的思维方式和固定形象模式，与传统创作有着极大的差异。

二、学生作品展示

（一）褶皱工艺的运用

根据对傣族服饰的了解，学生毕业作品主题为《蓝色·韵意》，其灵感来源于傣族服饰元素，选用深蓝色轻一点的棉面料，采用了渐变的手法，运用了褶皱——有规则的褶和不规则的褶，这样形成一种对比，具有一种很强的视觉感、节奏感，显示出大气、时尚感，如图4-58、图4-59、图4-60所示。

在这些设计中都采用了褶皱，在渐变的过程中由深到浅，形成一种视觉效果，款式各不相同，有长有短，有松有紧，无论在色彩还是款式上都形成了一种对比，体现了现代服装的时尚感。

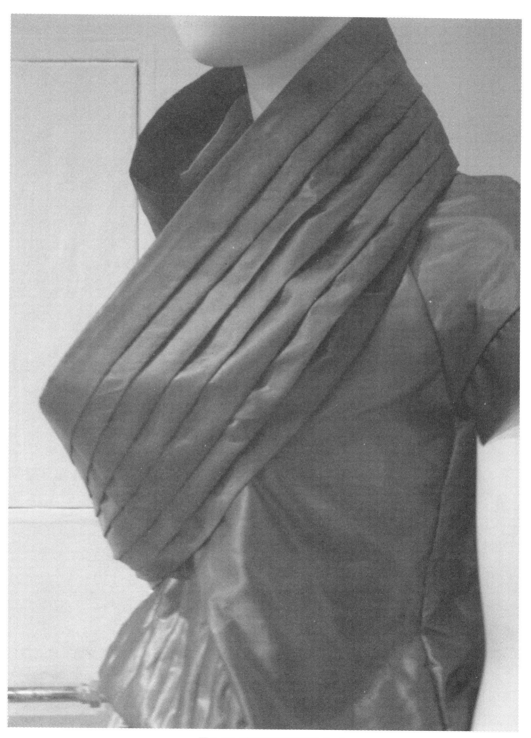

图 4-58 采用规则褶的设计（一）

图 4-59 采用规则褶的设计（二）

（二）扎染工艺的运用

服装的创新设计关键在于紧紧把握住潮流的脉搏，只有紧跟潮流的理念才能有创新的设计思想。将扎染与潮流接轨，从质地、颜色、肌理效果等方面对其进行充分利用改造。具体方法有下列几种：首先，扎染自身内容丰富多样，极具内涵和再设计的空间，加上服装这种多变化的载体是两种文化的结合；其次，可以从面料的改造或面料质地的创新开始，以扎染为基础，在此基础上进行面料再造；再次，对扎染进行夸大设计，局部运用与整体运用与现代的生活时尚点相结合等创新方法，这些都会起到意想不到的效果。

很多少数民族都有扎染的传统工艺技法，而且国内外设计师也不止一次运用到这个设计点，通过大量图片的浏览，我们不难看出国内外设计师对于这一设计点运用的差别。由于国内的设计对于传统文化思想的束缚太重，不敢于尝试突破传统，使得服装在整体设计中显得民族味太重，时尚感略差些。

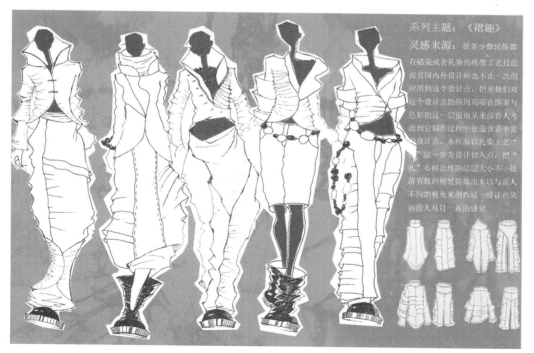

图4-61 扎染工艺设计效果图

　　该学生作品以扎染工艺"扎"这一步为设计切入点，把"扎"布时出现的层层大小不一、错落有致的褶皱提炼出来，以与前人不同的视角来剖析这一设计点，从而给人耳目一新的感觉。

图 4-62　成衣设计展示效果

参考文献

[1] 董季群主编.中国传统民间工艺.天津：天津古籍出版社,2004.

[2] 史林编著.高级时装概论.北京：中国纺织出版社，2002.

[3] 宋超，焦扬主编.上海：世纪上海.北京：外文出版社，2006.

[4] 韦荣慧著.云想衣裳：中国民族服饰的风神.北京：北京大学出版社，2008.

[5] 华梅著.中国服装史.北京：中国纺织出版社，2007.

[6] 徐海燕编著.满族服饰——清文化丛书.沈阳：沈阳出版社，2004.

[7] 任进编著.珠宝首饰设计基础.北京：中国地质大学出版社，2011.

[8] 段梅著.东方霓裳：解读中国少数民族服饰.北京：民族出版社，2004.

[9] 李友友编著.中国民间文化遗产——民间刺绣.北京：外文出版社，2008.

[10] 时影编著.民国万象丛书：民国时尚.北京：团结出版社，2005.

[11] 袁利，赵明东著.打破思维的界限：服装设计的创新与表现.北京：中国纺织出版社，2013.

[12] 陈立编著.刺绣艺术设计教程.北京：清华大学出版社，2005.

[13] 常沙娜主编，中国织绣服饰全集编辑委员会编.中国织绣服饰全集.天津人民美术出版社，2004.

[14] 张琼主编.清代宫廷服饰.上海科学技术出版社，2006.

[15] 宗凤英主编.明清织绣/故宫博物院藏文物珍品大系.上海：上海科学技术出版社，2005.

[16] 刘晓刚主编.服装设计2——女装设计.上海：东华大学出版社，2008.

[17] 王伯敏编.中国少数民族美术史.福州：福建美术出版社，1995.

[18] 孔令声编绘.中华民族服饰900例.昆明：云南人民出版社，2002.

[19] 田鲁著.艺苑奇葩——苗族刺绣艺术解读.合肥：合肥工业大学出版社，2006.

[20] 李友友，张静娟著.刺绣之旅.北京：中国旅游出版社，2007.

[21] 杨源，何星亮主编.民族服饰与文化遗产研究——中国民族学学会2004年年会论文集.昆明：云南大学出版社，2005.

[22] 周锡保著.中国古代服饰史.北京：中央编译出版社，2011.

[23] 鲍小龙，刘月蕊著.手工印染艺术.上海：东华大学出版社，2013.

[24] 薛迪庚编著.服装印花及整理技术500问.北京：中国纺织出版社，2008.

[25] 朱和平著.中国服饰史稿.郑州：中州古籍出版社，2001.